计算机类技能型理实一体化新形态系列

防火墙项目化实战

——基于华为eNSP

主　编　　熊翌竹　　李文静
　　　　　　李祖猛
副主编　　荆舒旸　　陈　帅
　　　　　　余振养

U0385615

清华大学出版社
北京

内 容 简 介

本书是基于华为 eNSP 模拟仿真环境编写的防火墙项目化教程。本书共 12 个项目，包括防火墙基础知识、防火墙登录方式、防火墙安全策略、防火墙源 NAT 策略、防火墙 NAT server 策略、双向 NAT、双机热备——主备模式、双机热备——负载分担模式、GRE-VPN、L2TP-VPN、IPSec-VPN 和 GRE over IPSec VPN。

本书通俗易懂，可操作性较强，可作为信息安全专业、计算机及相关专业的教材，也可以作为华为 HCIA-Security 或 HCIP-Security 的培训参考资料。

图书在版编目（CIP）数据

防火墙项目化实战：基于华为 eNSP / 熊翌竹，李文静，李祖猛主编 . —北京：清华大学出版社，2024.1（2024.8 重印）

（计算机类技能型理实一体化新形态系列）

ISBN 978-7-302-64735-5

Ⅰ．①防…　　Ⅱ．①熊…　②李…　③李…　　Ⅲ．①计算机网络－安全技术－教材　　Ⅳ．① TP393.08

中国国家版本馆 CIP 数据核字（2023）第 192500 号

责任编辑：张龙卿
封面设计：曾雅菲　　徐巧英
责任校对：李　梅
责任印制：宋　林

出版发行：清华大学出版社
　　　　　网　　　　址：https://www.tup.com.cn，https://www.wqxuetang.com
　　　　　地　　　　址：北京清华大学学研大厦 A 座　　　　邮　　编：100084
　　　　　社 总 机：010-83470000　　　　　　　　　　　　邮　　购：010-62786544
　　　　　投稿与读者服务：010-62776969，c-service@tup.tsinghua.edu.cn
　　　　　质量反馈：010-62772015，zhiliang@tup.tsinghua.edu.cn
　　　　　课件下载：https://www.tup.com.cn，010-83470410
印 装 者：三河市龙大印装有限公司
经　　销：全国新华书店
开　　本：185mm×260mm　　　印　　张：17　　　字　　数：410 千字
版　　次：2024 年 1 月第 1 版　　　　　　　印　　次：2024 年 8 月第 2 次印刷
定　　价：64.00 元

产品编号：102046-01

前　言

本书作为适合高校计算机类专业防火墙技术的教材，从实际应用和工作过程出发，采用"项目引导、任务驱动"的方式展开教学内容，涉及防火墙安全策略、NAT 策略、双机热备、VPN 技术四大模块，旨在培养学生的动手实践能力。全书内容分为 12 个项目，每个项目均按照企业真实项目场景设计，包括知识要点、操作步骤和验证、操作视频指导及练习题等部分。每个项目操作步骤清晰，可操作性较强。

本书坚持以"立德树人"为根本任务和宗旨，注重思政教育和专业技能、知识的融合。本书按照"以二十大精神为引领，以学生为中心，以技能培养为目标"的思路开发设计课程思政。在课程思政建设方面，为更好地将党的二十大报告精神融入课程教学，编者结合教材中各项目任务特点、背景以及新时代要求等，分别拓展融入精益求精的大国工匠精神、科学严谨的职业素养、用户至上的服务精神、协作共进的团队精神、自主创新的科学精神、社会主义法治精神等内容。

本书充分体现了新形态一体化教材的特点，建设完成包括教学案例微课视频、授课用 PPT、习题库等数字化学习资源，实现"理论＋实操""纸质教材＋数字资源"的合理结合，既便于利用线上、线下资源自主学习，也适宜于学生通过二维码即扫即学的个性化学习。多元化的学习资源可激发学生的学习兴趣，提升学习效果。

本书由高校计算机网络技术专业教师和深圳市虫之教育科技有限公司"双元"合作开发。参编人员了解社会对人才的需求，具有丰富的教学和实践经验，将现实工作案例引入教材，体现了校企合作特征。本书编排结构严谨，力求能够为学生能力获取和就业奠定基础。其中，项目 1~4 由熊翌竹编写，项目 5~8 由李文静编写，项目 9~12 由李祖猛编写，余振养负责强化训练部分和课程资源建设，全书由荆舒煬统稿并校对。微课视频由熊翌竹和企业讲师陈帅进行实操录制。

由于作者自身水平有限，本书如有不妥甚至错误之处，恳请读者和专家提出宝贵意见。

编　者
2023 年 6 月

目 录

项目 1　防火墙基础知识

小蔡毕业后入职了 CY 公司的信息技术部门，负责公司防火墙产品的网络运维工作。入职第一天，项目经理给他安排了两个任务：第一，要求小蔡在办公计算机上安装 eNSP 仿真环境，并且要能够支持防火墙，通过仿真熟悉防火墙的相关技术。第二，通过搭建网络拓扑，熟悉 Wireshark 软件的常规操作，比如捕获常见 TCP/IP 协议栈报文，以方便后期进行网络拓扑排错。

1.1　知　识　引　入

1.1.1　防火墙基本概念

"防火墙"一词起源于建筑领域，用来隔离火灾，阻止火势从一个区域蔓延到另一个区域。防火墙这一具体设备引入通信领域，通常表示两个网络之间有针对性的、逻辑意义上的隔离。这种隔离是选择性的，隔离"火"的蔓延，而又保证"人"可以穿墙而过。这里的"火"是指网络中的各种攻击，而"人"是指正常的通信报文。

在通信领域，防火墙是一种安全设备，它用于保护一个网络区域免受来自另一个网络区域的攻击和入侵，通常被应用于网络边界，如企业互联网出口、企业内部业务边界、数据中心边界等。

防火墙在企业边界防护、内网管控与安全隔离、数据中心边界防护、数据中心安全联动等场景中起着重要作用。图 1-1 是防火墙在企业边界防护中的应用场景。

1.1.2　防火墙产品分类

产品分类主要可以从形态和技术原理上进行划分。

1. 按形态分类

防火墙产品从形态上可以分为硬件防火墙和软件防火墙两大类。软件防火墙运行于特定的计算机上，它需要客户预先安装好计算机操作系统。软件防火墙就像其他的软件产品一样，需要先在计算机上安装并做好配置才可以使用。常见的软件防火墙有 Windows 系统防火墙、Linux 系统的防火墙 Iptables，以及其他各安全厂商的软件防火墙。软件防火墙以个人用户使用为主。

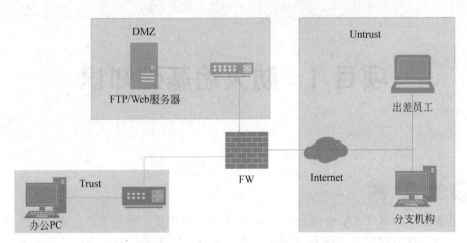

图 1-1　防火墙企业边界防护应用场景

　　硬件防火墙从形态上可以分为盒式防火墙、桌面型防火墙、框式防火墙，以华为防火墙产品为例，如图 1-2~图 1-4 所示。

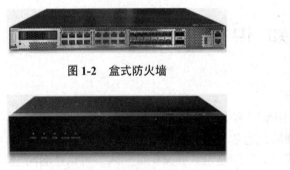

图 1-2　盒式防火墙

图 1-3　桌面型防火墙

图 1-4　框式防火墙

2. 按技术原理分类

　　从技术原理角度观察防火墙，防火墙经历了包过滤防火墙、代理防火墙、状态检测防火墙、统一威胁管理（united threat management，UTM）防火墙、下一代防火墙（next generation firewall，NGFW）、AI 防火墙，从其发展的历程来看有以下特点：①访问控制越来越精细；②防护能力越来越强；③性能越来越高。下面简单介绍几种防火墙。

　　包过滤防火墙通过配置访问控制列表（access control list，ACL）实施数据包的过滤，主要基于数据包中的源/目的 IP 地址、源/目的端口号、IP 标识和报文传递的方向等信息。

　　状态检测防火墙就是支持状态检测功能的防火墙。状态检测是包过滤技术的发展，它考虑报文前后的关联性，检测的是连接状态而非单个报文。状态检测防火墙通过对连接的首个数据包（后续简称首包）检测而确定一条连接的状态。后续数据包根据所属连接的状态进行控制（转发或阻塞）。本书主要介绍这种防火墙。

　　AI 防火墙是结合 AI 技术的新一代防火墙。它通过结合 AI 算法或 AI 芯片等多种方式，进一步提高了防火墙的安全防护能力和性能。

1.1.3　支持防火墙仿真环境的 eNSP 软件

本书实验环境采用 eNSP（enterprise network simulation platform），这是一款由华为提供的、可扩展的、采用图形化操作方式的网络仿真工具平台。该平台可以很方便地进行交换机、路由器、防火墙等网络设备的仿真实验，其图形界面如图 1-5 所示。

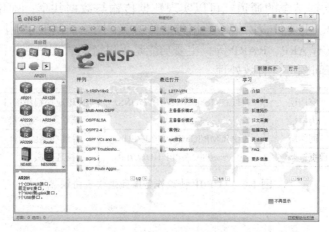

图 1-5　eNSP 图形界面

安装支持防火墙仿真环境的 eNSP 软件需要准备 WinPcap、Wireshark、VirtualBox、USG6000V.zip 设备包，各文件主要作用说明如下。

（1）WinPcap：WinPcap（Windows packet capture）是 Windows 平台中一个免费、公共的网络访问系统。

（2）Wireshark：网络封包分析软件的功能是截取网络封包，并尽可能显示出最为详细的网络封包资料。

（3）Virtualbox：这是一款虚拟机产品，eNSP 中所使用路由器、交换机、防火墙等网络设备需要通过该产品虚拟化运行后使用。

（4）USG6000V.zip 设备包：下载解压后得到 vfw_usg.vdi 文件，该文件是防火墙设备包文件。它需要在安装好 eNSP 后，首次使用防火墙虚拟设备时需要进行导入。

注意：以上软件在进行安装时需要根据系统选择合适的版本。本书在 Windows 10 环境下选用相关软件版本如下，供参考。

- WinPcap 采用的版本是 WinPcap_4_1_3；
- Wireshark 采用的版本是 Wireshark_v3.0.0rc2；
- VirtualBox 采用的版本是 VirtualBox-5.2.26-128414-Win；
- eNSP 模拟器采用的版本是 eNSP V100R003C00SPC100。

1.1.4　TCP/IP 协议栈及典型代表协议

TCP/IP（transmission control protocol/Internet protocol，传输控制协议 / 网际协议）是

指能够在多个不同网络间实现信息传输的协议簇。TCP/IP 不仅仅指的是 TCP 和 IP 两个协议，而是指一个由 FTP、SMTP、TCP、UDP、IP 等协议构成的协议簇，只是因为在 TCP/IP 中 TCP 和 IP 最具代表性，所以被称为 TCP/IP。

TCP/IP 是 Internet 最基本的协议，它采用四层结构，如图 1-6 所示。应用层的主要协议还有 Telnet、FTP、SMTP 等，它们是用来接收来自传输层的数据或者按不同应用要求与方式将数据传输至传输层；传输层的主要协议有 UDP、TCP，是使用者使用平台和计算机信息网内部数据结合的通道，可以实现数据传输与数据共享；网络层的主要协议有 ICMP、IP、IGMP，主要负责网络中数据包的传送等；网络访问层也叫网络接口层或数据链路层，主要协议有 ARP、RARP 等，主要功能是提供链路管理错误检测，并对不同通信媒介有关信息细节问题进行有效处理。

应用层	HTTP/Telnet/FTP/TFTP/DNS	提供应用程序接口
传输层	TCP/UDP	建立端到端连接
网络层	IP ICMP/IGMP, ARP/RARP	寻址和路由选择
数据链路层	Ethernet/802.3/PPP/HDLC/FR	物理介质访问

图 1-6　TCP/IP 协议栈各层典型代表协议

1.1.5　Wireshark 工具介绍

Wireshark 是一个网络封包分析软件。Wireshark 使用 WinPcap 作为接口，直接与网卡进行数据报文交换。图 1-7 是 Wireshark 工作主界面。

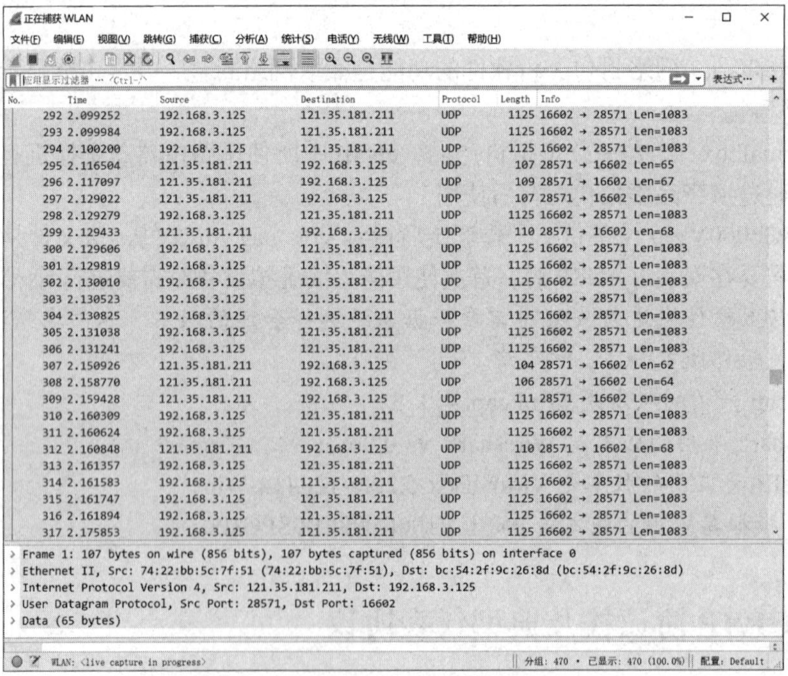

图 1-7　Wireshark 工作主界面

eNSP 中可以调用 Wireshark 进行网络数据包捕获，从而对捕获的数据包进行数据分析和网络排错的任务。图 1-8 是在 eNSP 中调用 Wireshark 的一个例子。

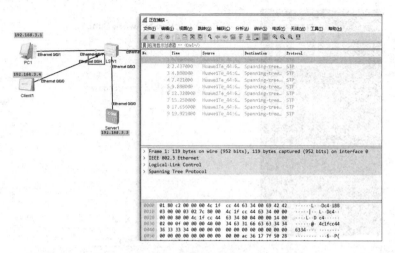

图 1-8　在 eNSP 中调用 Wireshark 界面

1.2　任务 1：安装支持防火墙仿真环境的 eNSP 软件

1.2.1　任务说明

在 Windows10 操作系统上安装支持防火墙仿真环境的 eNSP 软件。

任务 1　安装支持
防火墙仿真环境的
eNSP 软件

1.2.2　任务实施过程

1. 明确安装顺序

WinPcap、Wireshark、VirtualBox 这三款软件在安装华为 eNSP 模拟器前需要提前安装好，安装顺序依次是 WinPcap、Wireshark、VirtualBox，注意要以管理员权限运行。按照默认路径选择下一步进行安装即可，操作过程比较简单，在此省略。

2. 安装华为 eNSP 模拟器

（1）以管理员身份双击运行 eNSP_Setup.exe，出现如图 1-9 所示的对话框，选择"中文（简体）"。

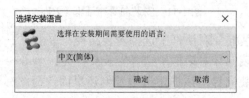

图 1-9　选择安装语言界面

（2）在图 1-10 的安装向导对话框中单击"下一步"按钮。

图 1-10　安装向导对话框（1）

（3）在图 1-11 的安装向导对话框中选中"我愿意接受此协议"选项，单击"下一步"按钮。

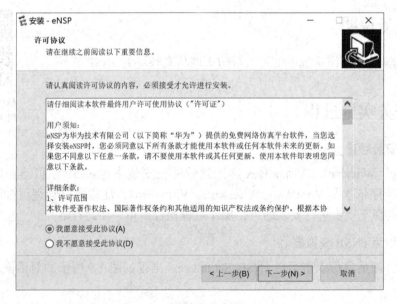

图 1-11　安装向导对话框（2）

（4）在图 1-12 的安装向导对话框中选择安装路径，单击"下一步"按钮。

（5）在图 1-13 的安装向导对话框中选择安装文件夹，单击"下一步"按钮。

（6）在图 1-14 的安装向导对话框中选中"创建桌面快捷图标"选项，单击"下一步"按钮。

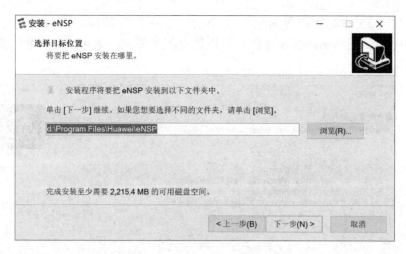

图 1-12 安装向导对话框（3）

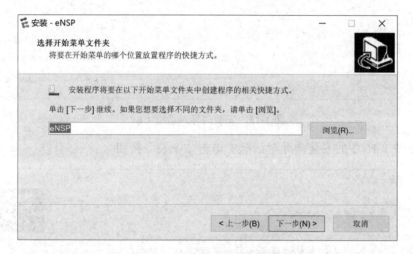

图 1-13 安装向导对话框（4）

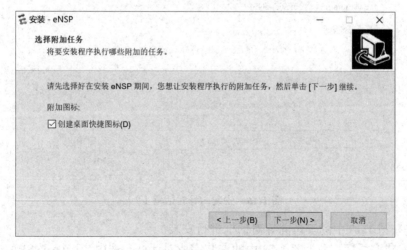

图 1-14 安装向导对话框（5）

（7）在图 1-15 的安装向导对话框中单击"下一步"按钮，因为之前已经安装了 WinPcap、Wireshark、VirtualBox 软件，所以这里能检测到。如果没有安装，需要先完成以上软件的安装。

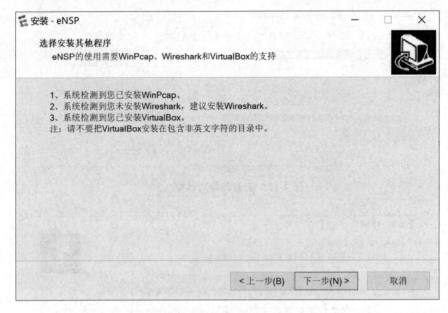

图 1-15　安装向导对话框（6）

（8）在图 1-16 中的安装向导对话框中单击"安装"按钮。

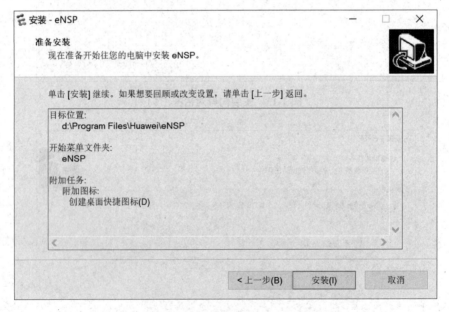

图 1-16　安装向导对话框（7）

（9）进入图 1-17 中的安装向导对话框进行安装。

（10）安装完成后，进入图 1-18 中的安装完成对话框。选中"运行 eNSP"选项，单击

"完成"按钮,即可运行软件。

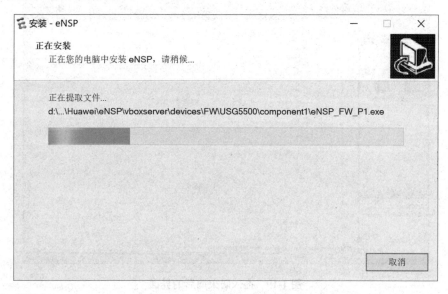

图 1-17 安装向导对话框(8)

图 1-18 安装向导对话框(9)

3. 导入 USG6000V.zip 设备包

(1)运行 eNSP 模拟器,新建一个网络拓扑,拖入 USG6000V 防火墙中,如图 1-19 所示。

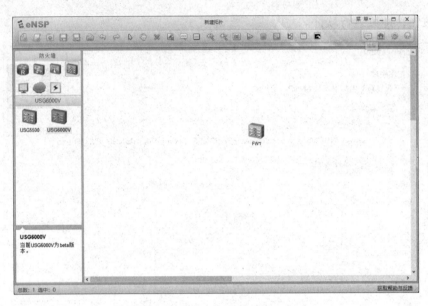

图 1-19　拖入防火墙后的界面

（2）选中防火墙，然后右击并从快捷菜单中选择"启动"命令，启动防火墙，如图 1-20 所示。

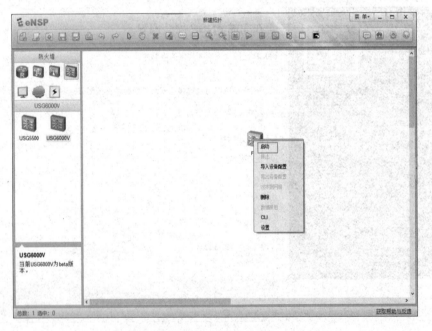

图 1-20　启动防火墙

（3）初次启动防火墙，弹出"导入设备包"对话框，提示需要导入设备包，如图 1-21 所示。

（4）单击步骤（3）中的"浏览"按钮后，出现如图 1-22 所示对话框，在文件系统中选择准备好的 vfw_usg.vdi 文件（注意该文件要从 USG6000V.zip 设备包中解压）。

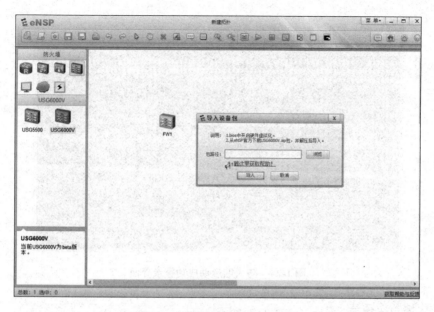

图 1-21　"导入设备包"对话框

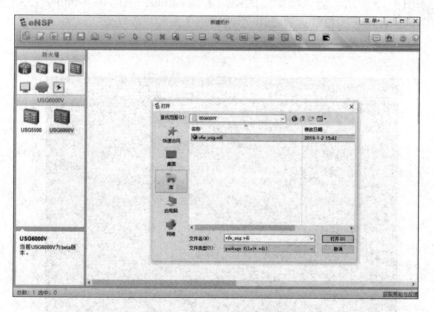

图 1-22　选中设备文件界面

（5）确定了 vdi 文件后，单击"导入"按钮进行设备文件的导入，如图 1-23 所示。

（6）导入成功后再次按照步骤（2）的方式启动防火墙，则在命令行看到如图 1-24 所示界面，先显示＃号，之后如能进入 Username 输入提示，则软件环境安装成功。

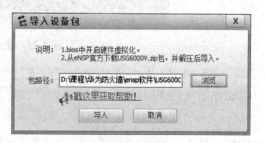

图 1-23　导入设备文件

图 1-24　防火墙启动成功登录界面

4.防火墙首次登录

（1）如图 1-25 所示，防火墙默认的用户名是 admin，密码是 Admin@123（首次登录需要更改密码，在命令窗口输入 Y 即可更改密码）。

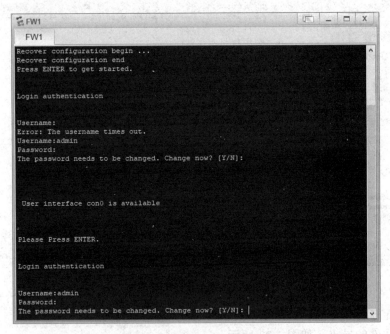

图 1-25　更改防火墙密码界面

（2）如图 1-26 所示为密码更改成功界面。注意此处修改密码时要符合一定规则，可以跟原始密码规则保持一致，比如修改为 Huawei@123。

（3）至此防火墙正常启动，便可以进入命令配置了。图 1-27 所示为修改防火墙名称的命令。

```
The password needs to be changed. Change now? [Y/N]: Y
Please enter old password:
Please enter new password:
Please confirm new password:

Info: Your password has been changed. Save the change to survive a reboot.
*****************************************************************
*           Copyright (C) 2014-2018 Huawei Technologies Co., Ltd.        *
*                      All rights reserved.                              *
*              Without the owner's prior written consent,                *
*          no decompiling or reverse-engineering shall be allowed.       *
*****************************************************************

<USG6000V1>
```

图 1-26 密码更改成功界面

```
<USG6000V1>sysname
<USG6000V1>sys
Enter system view, return user view with Ctrl+Z.
[USG6000V1]sysna
[USG6000V1]sysname FW1
[FW1]
Aug 21 2022 04:50:30 FW1 DS/4/DATASYNC_CFGCHANGE:OID 1.3.6.1.4.1.2011.5.25.191.3
.1 configurations have been changed. The current change number is 1, the change
loop count is 0, and the maximum number of records is 4095.
[FW1]
```

图 1-27 防火墙更名界面

1.3 任务 2：用 Wireshark 捕获常见的 TCP/IP 协议栈报文

1.3.1 任务说明

通过 eNSP 搭建网络拓扑，使用 Wireshark 捕获以下常见 TCP/IP 协议栈报文。

- 捕获 ICMP 报文；
- 捕获 UDP 报文；
- 捕获 TCP 报文；
- 捕获 FTP 报文；
- 捕获 DNS 报文。

任务 2 用 Wireshark 捕获常见的 TCP/IP 协议栈报文

1.3.2 任务实施过程

1. 拓扑搭建

搭建如图 1-28 所示的拓扑图来实现以上任务。为了更加直观地进行实验，将各设备通过交换机 LSW1 进行连接，让其处于同一网段内。Server1 同时作为 DNS 服务器、FTP 服务器、HTTP 服务器。各设备 IP 地址和接口连接等参数详见该拓扑图。

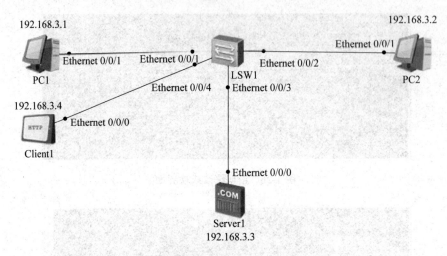

图 1-28　本任务的网络拓扑结构

2. 网络基础配置

在 eNSP 中单击"开启设备"按钮，启动图中各设备（也可以右击各设备启动）。启动成功后的效果如图 1-29 所示，各网络拓扑节点会由红色变成绿色。

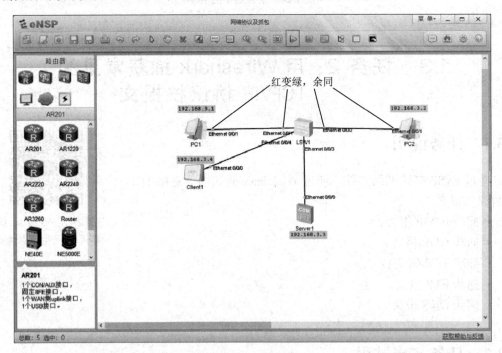

图 1-29　启动设备成功

（1）配置 PC1 网络基本参数，如图 1-30 所示，其 DNS 服务器是 Server1。

（2）配置 PC2 网络基本参数，如图 1-31 所示。

（3）配置 Client1 网络基本参数，如图 1-32 所示。

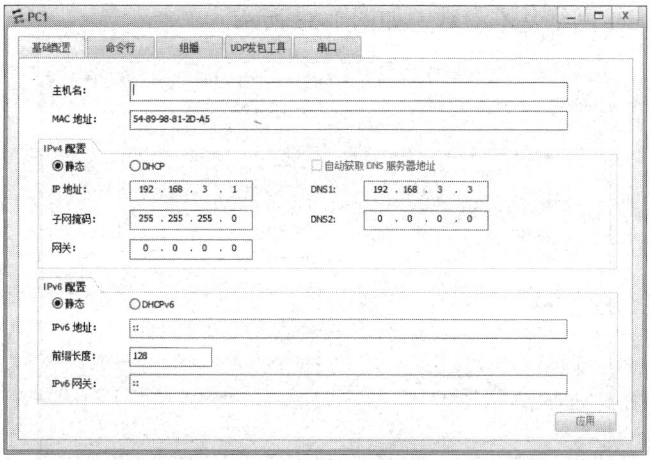

图 1-30　PC1 参数设置

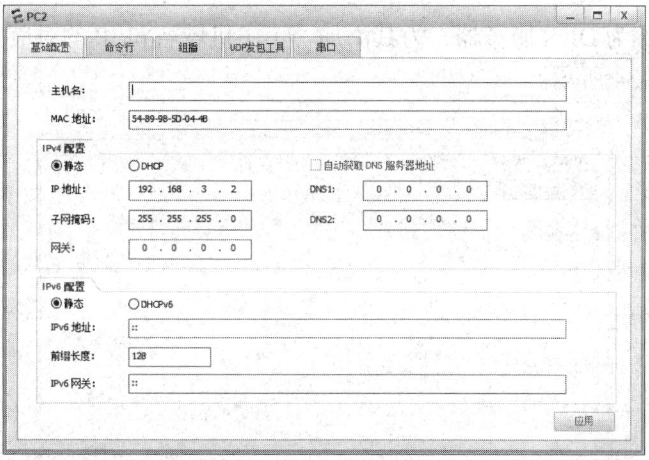

图 1-31　PC2 参数设置

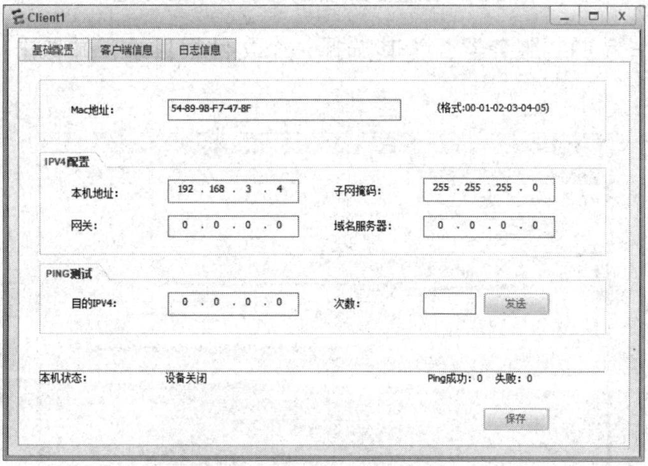

图 1-32　Client1 参数设置

（4）配置 Server1 网络基本参数，如图 1-33 所示。

图 1-33　Server1 参数设置

（5）Server1 作为 DNS 服务器，为其添加一个主机域名和 IP 的对应关系，并单击"启动"按钮，如图 1-34 所示。

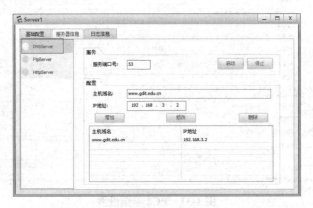

图 1-34　配置 DNS 服务器域名和 IP 地址

（6）Server1 作为 FTP 服务器，为其选择一个文件根目录，并单击"启动"按钮，如图 1-35 所示。

图 1-35　配置 FTP 服务器目录

（7）Server1 作为 HTTP 服务器，为其选择一个文件根目录，并单击"启动"按钮，如图 1-36 所示。

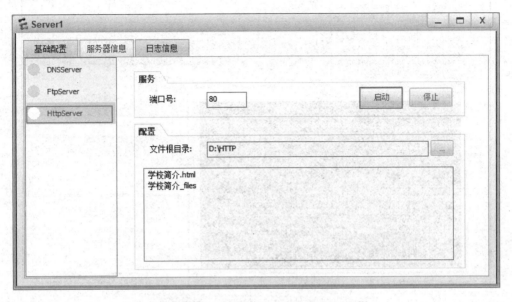

图 1-36　配置 HTTP 服务器目录

3. 报文捕获

（1）使用 Wireshark 捕获 ICMP 报文。

① 在 LSW1 E0/0/1 口启动 Wireshark，如图 1-37 所示。

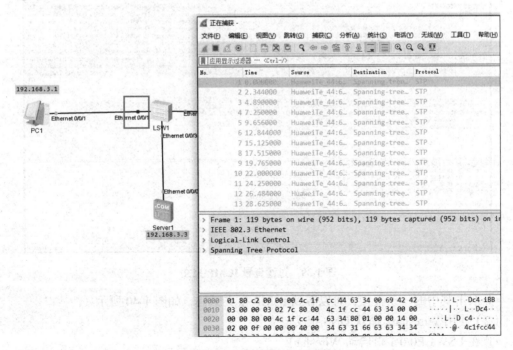

图 1-37　启动 Wireshark 界面

② PC1 ping PC2，观察 Wireshark 抓包情况，如图 1-38 所示。

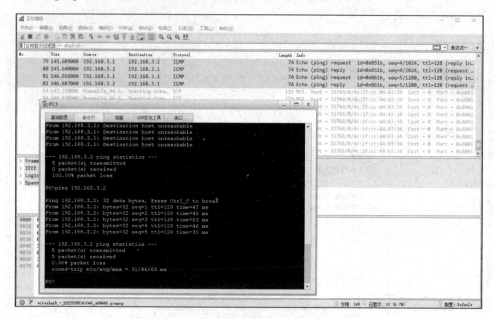

图 1-38 PC1 对 PC2 进行 ping 操作的界面

③ 在 Wireshark 过滤栏中输入 icmp，可以看到捕获的 ICMP 报文，如图 1-39 所示。

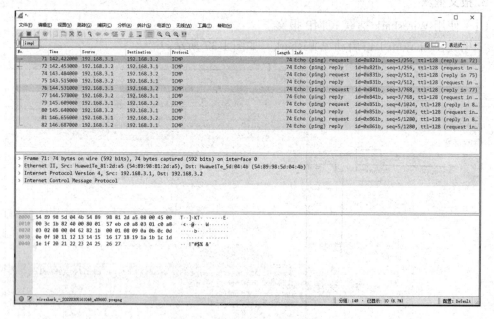

图 1-39 过滤查看 ICMP 报文

④ 双击其中的一条报文，可以看到 ICMP 报文结构，如图 1-40 所示。

（2）使用 Wireshark 捕获 DNS 报文。

① 在 LSW1 E0/0/1 口启动 Wireshark。

② 在 PC1 上 ping www.gdit.edu.cn，如图 1-41 所示。

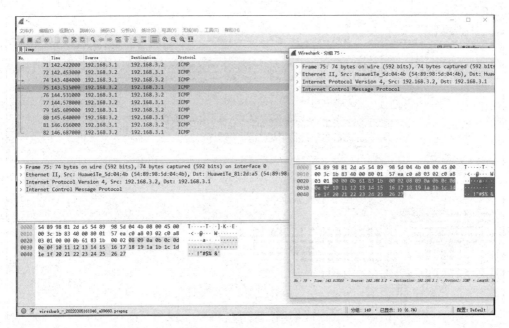

图 1-40 查看 ICMP 报文结构

图 1-41 PC1 上的 ping 操作

③ 在 Wireshark 过滤栏输入 dns，可以看到捕获的 DNS 报文，如图 1-42 所示。

（3）使用 Wireshark 捕获 TCP 报文。

① 在 LSW1 E0/0/4 口启动 Wireshark，如图 1-43 所示。

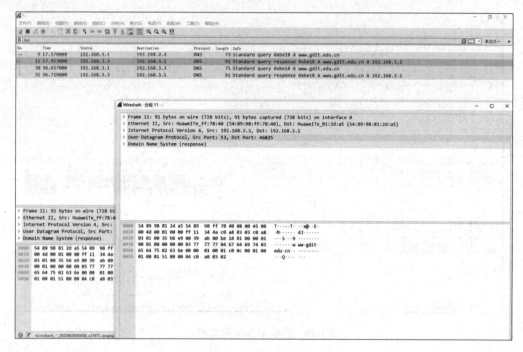

图 1-42   过滤查看 DNS 报文

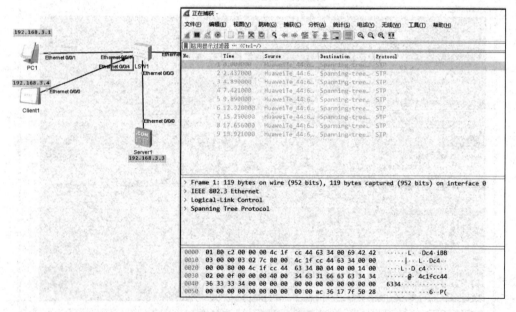

图 1-43   启动新的捕获

② 在 Client1 上输入 HTTP 服务器地址并连接 HTTP 服务器，如图 1-44 所示。

③ 在 Wireshark 过滤栏中输入 tcp 过滤，可以观察捕获到 TCP 三次握手过程及 TCP 包，如图 1-45 所示。

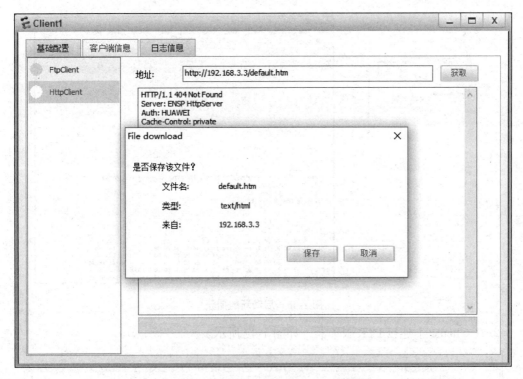

图 1-44　在 Client1 上连接 HTTP 服务器

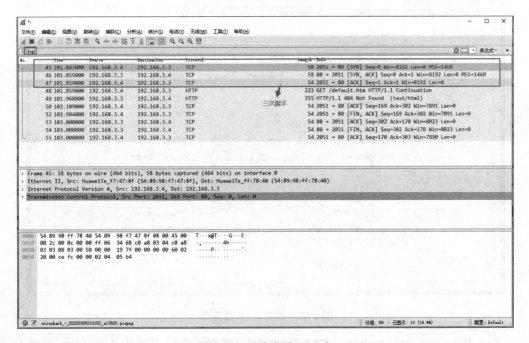

图 1-45　过滤查看 TCP 包

（4）使用 Wireshark 捕获 FTP 报文。

① 在 LSW1 E0/0/4 口启动 Wireshark，如图 1-46 所示。

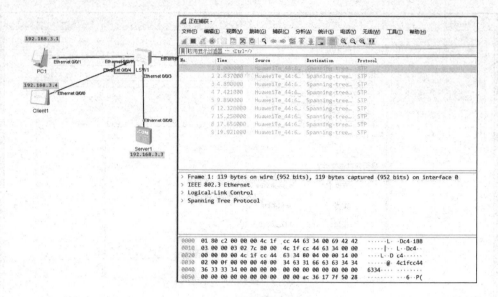

图 1-46　启动新的捕获

② 在 Client1 上连接 FTP 服务器，如图 1-47 所示。

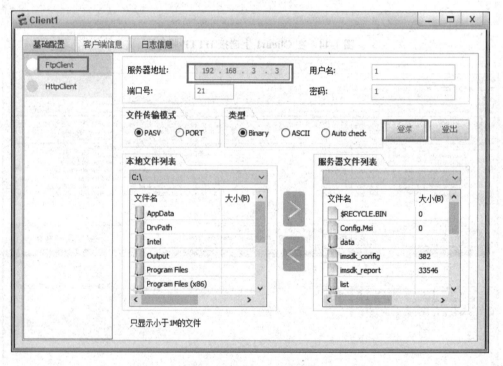

图 1-47　连接 FTP 服务器

③ 在 Wireshark 过滤栏中输入 FTP 过滤，可以观察捕获到 FTP 包及其结构，如图 1-48 所示。

（5）使用 Wireshark 捕获 UDP 报文。

① 在 LSW1 E0/0/1 口启动 Wireshark，如图 1-49 所示。

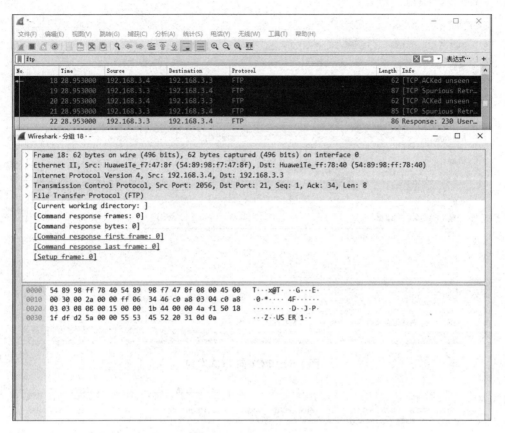

图 1-48 过滤查看 FTP 包

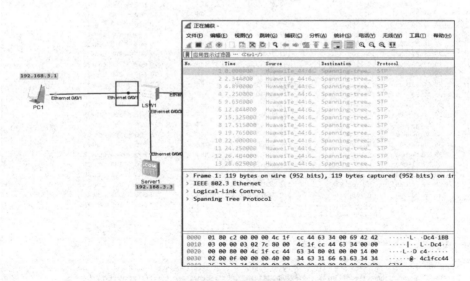

图 1-49 启动新的捕获

② 在 PC1 上利用 UDP 发包工具向 PC2 进行发包，如图 1-50 所示。

③ 在 Wireshark 过滤栏中输入 udp 过滤，可以观察捕获到 UDP 包及其结构，如图 1-51 所示。

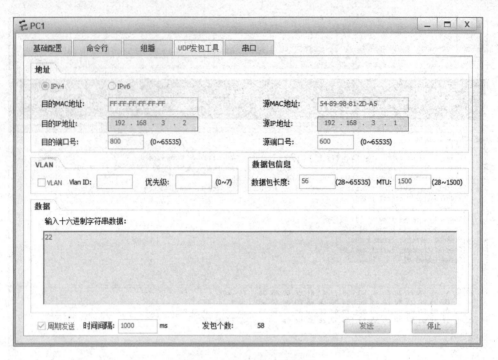

图 1-50　PC1 向 PC2 发包

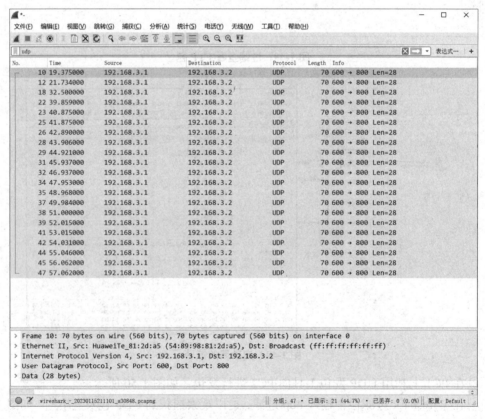

图 1-51　过滤查看 UDP 包

习　题

（1）防火墙产品的主要作用是什么？

（2）防火墙产品按照技术原理分类，可以分为哪几种类型？

（3）安装支持防火墙的 eNSP 仿真环境需要准备哪些软件？

思政聚焦：增强服务意识

华为一直坚持"以客户为中心"的经营理念，这是一种清晰明确、全面贯彻的战略导向。华为始终把客户需求放在首位，不断调整其产品和服务，以满足客户需求，增强客户的满意度和忠诚度，同时不断推动产品和服务的创新和升级。

（1）通过以客户需求导向，深入了解客户的痛点和挑战来提供更好的解决方案，同时不断优化自身产品和服务，从而实现了以客户为中心，更好满足客户需求的目标。

（2）专注于质量，坚持把产品和解决方案的质量放在首位，这样可以保证用户使用时的稳定性和可靠性。

（3）在全球范围内建立完整的售前、售后服务网络，并且提供 24 小时客户支持，保证用户在任何时间都能得到及时的帮助。

（4）根据客户的需求成立了不同的客户中心，例如针对运营商的客户中心、企业客户中心、消费者业务客户中心等，专门为不同类型的客户提供个性化的服务。

作为新时代的年轻人，要从学习、工作和生活中慢慢培养出一种良好的服务意识。服务行业是一个不断发展成长的行业，具有广阔的就业空间。年轻人如果具备优秀的服务意识和服务技能，就可以更好地适应这种就业环境，提高就业竞争力。同时，拥有良好服务意识的员工更容易获得公司和客户的信任，从而在职业生涯中获得更多的机会，更快地实现自身价值和职业发展，增强职业发展前景。

项目2　防火墙登录方式

公司新采购了一台防火墙，要求进行初始化配置，如修改防火墙名字。同时，该防火墙产品部署在机房，机房环境复杂，后期不方便近距离进行初始化配置和调试，需要进行远程访问配置。如何配置防火墙满足此需求呢？

防火墙提供了几种登录方式，可以方便用户对防火墙进行管理。如通过 Console 控制接口的配置方式可以对防火墙近距离初始化配置，Web、telnet、SSH 的配置方式则可以进行远程访问控制，可以通过以上几种防火墙的管理方式来完成此需求。按此方案，绘制方案示意图如图 2-1 所示。

Console、Web、telnet、SSH

调试计算机　　　　　　　　防火墙

图 2-1　不同登录方式访问防火墙方案示意图

2.1　知识引入

2.1.1　Console、telnet、Web、SSH 介绍

1. Console 控制接口介绍

Console 控制接口是网络设备用来与计算机或终端设备进行连接的常用接口。网络设备进行初始配置时，一般通过 Console 控制接口与计算机相连，利用通信软件与网络设备进行通信。常见网络设备（路由器、交换机、防火墙）中都有 Console 控制接口。图 2-2 是一种 Console 控制接口和连接线。

(a) 设备的Console控制接口　　　　　　(b) Console连接线

图 2-2　Console 控制接口及 Console 连接线

2. telnet 介绍

telnet 是 TCP/IP 协议栈中的一员，是 Internet 远程登录服务的标准协议和主要方式。它为用户提供了在本地计算机上完成远程主机工作的能力。在终端使用者的计算机上使用 telnet 程序，用它连接到服务器。终端使用者可以在 telnet 程序中输入命令，这些命令会在服务器上运行，就像直接在服务器的控制台上输入一样，这样在本地就能控制服务器。要开始一个 telnet 会话，必须输入用户名和密码来登录服务器。telnet 是常用的远程控制 Web 服务器的方法。

因为 telnet 使用明文传输数据，存在很多的安全隐患，在实际配置过程中一般不推荐这种方式。

3. Web 介绍

全球广域网（world wide Web，WWW）称为万维网，简称为 Web。相对于 Console、telnet、SSH 方式，Web 方式使用个人计算机打开浏览器，可以更加直观地对防火墙进行配置。

Web 常见的协议方式有 HTTP 和 HTTPS。

（1）HTTP（hypertext transfer protocol，超文本传输协议）是一种用于分布式、协作式和超媒体信息系统的应用层协议。简单来说就是一种发布和接收 HTML 页面的方法，用于在 Web 浏览器和网站服务器之间传递信息。

HTTP 以明文方式发送内容，不提供任何方式的数据加密，如果攻击者截取了 Web 浏览器和网站服务器之间的传输报文，就可以直接读懂其中的信息，因此，HTTP 不适合传输一些敏感信息，如信用卡号、密码等支付信息。

（2）HTTPS（hypertext transfer protocol secure，超文本传输安全协议）是一种通过计算机网络进行安全通信的传输协议。HTTPS 经由 HTTP 进行通信，但利用 SSL/TLS 来加密数据包。HTTPS 开发的主要目的是提供对网站服务器的身份认证，保护交换数据的隐私与完整性。

登录防火墙采用的 Web 协议是 HTTPS，它的访问地址是 https://192.168.0.1:8443。

4. SSH 介绍

SSH（secure shell，安全外壳）是一种网络安全协议，通过加密和认证机制实现安全的访问和文件传输等业务。SSH 通过对网络数据进行加密和验证，在不安全的网络环境中提供了安全的登录和其他安全网络服务。目前 SSH 已经被全世界广泛使用，大多数设备都支持 SSH 功能。

SSH 由服务器和客户端组成，在整个通信过程中，为建立安全的 SSH 通道，会经历如下几个阶段。

（1）连接建立。SSH 服务器在指定的端口侦听客户端的连接请求。在客户端向服务器发起连接请求后，双方建立一个 TCP 连接。

（2）版本协商。SSH 目前存在 SSH 1.X（SSH 2.0 之前的版本）和 SSH 2.0 版本。SSH 2.0 相比 SSH 1.X 来说，在结构上做了扩展，可以支持更多的认证方法和密钥交换方法，同时提高了服务能力。SSH 服务器和客户端通过协商确定最终使用的 SSH 版本号。

（3）算法协商。SSH 支持多种加密算法，双方根据各自支持的算法，协商出最终用于产生会话密钥的密钥交换算法、用于数据信息加密的加密算法、用于进行数字签名和认证的公钥算法以及用于数据完整性保护的 HMAC 算法。

（4）密钥交换。服务器和客户端通过密钥交换算法，动态生成共享的会话密钥和会话 ID，建立加密通道。会话密钥主要用于后续数据传输的加密，会话 ID 用于在认证过程中标识该 SSH 连接。

（5）用户认证。SSH 客户端向服务器端发起认证请求，服务器端对客户端进行认证。SSH 支持以下几种认证方式。

① 密码（password）认证：客户端通过用户名和密码的方式进行认证，将加密后的用户名和密码发送给服务器，服务器解密后与本地保存的用户名和密码进行对比，并向客户端返回认证成功或失败的消息。

② 密钥（publickey）认证：客户端通过用户名、公钥以及公钥算法等信息来与服务器进行认证。

③ password-publickey 认证：指用户需要同时满足密码认证和密钥认证才能登录。

④ all 认证：只要满足密码认证和密钥认证其中一种即可。

（6）会话请求。认证通过后，SSH 客户端向服务器端发送会话请求，请求服务器提供某种类型的服务，即请求与服务器建立相应的会话。

（7）会话交互。会话建立后，SSH 服务器端和客户端在该会话上进行数据信息的交互。

2.1.2 Xshell 软件介绍

Xshell 是一个强大的安全终端模拟软件。它可以在 Windows 界面下用来访问远端不同系统下的服务器，从而达到远程控制终端的目的。除此之外，Xshell 还有丰富的外观配色方案和样式选择，并支持以下通用功能。

① 支持 SSH1、SSH2、SFTP、telnet、RLOGIN 和串行协议。

② 支持 Windows Vista/7/8/10，Windows 服务器 2008/2012/2016。

③ 支持 OpenSSH 和 SSH.com 服务器。

④ 支持在一个窗口中有多个选项卡。

⑤ 支持在一个窗口中显示多个选项卡组。

⑥ 支持多用户设置。

⑦ 支持保持活跃功能。

⑧ 支持 SOCKS4/5、HTTP 代理连接。

⑨ 支持自定义键映射。

⑩ 支持 VB、JScript、Python 脚本。

⑪ 支持 IPv6。

⑫ 支持 Kerberos（MIT Keberos、Microsoft SSPI）身份验证。

⑬ 支持 SSH/telnet 追踪。

Xshell 软件可以自行登录 Xshell 软件的官方网站进行下载。本项目中使用的 Xshell 版本是 Xshell_7.0.0065。

2.2　任务 1：通过 Console 控制接口登录防火墙

2.2.1　任务说明

根据项目场景中的需求，在 eNSP 中用 PC1 模拟用户端计算机。采用 RS232 接口与防火墙的 Console 控制接口进行连接，通过 PC1 的串口通信软件与防火墙进行通信。该任务拓扑图如图 2-3 所示，注意在 eNSP 中采用的连接线是串口线。

任务 1　通过 Console 控制接口登录防火墙

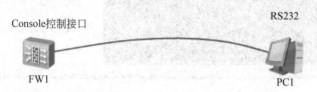

图 2-3　以 Console 控制接口方式连接防火墙拓扑图

2.2.2　任务实施过程

（1）选中 FW1 并右击，启动防火墙，进入防火墙命令行登录界面，提示需要输入用户名和密码，这里先不输入，如图 2-4 所示。

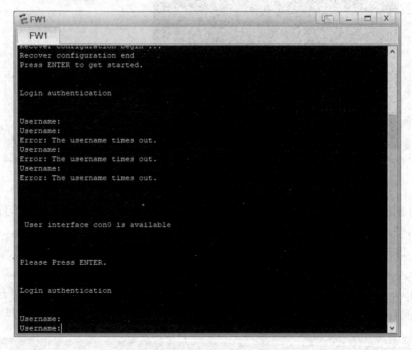

图 2-4　防火墙命令行登录界面

（2）选中 PC1，双击编辑其属性，定位到"串口"选项卡，配置 PC1 的串口参数：波特率为 9600，数据位为 8，奇偶位为"无"，停止位为 1，流控为"无"，如图 2-5 所示。

图 2-5　配置 PC1 的串口参数

（3）配置完串口参数后单击"连接"按钮，PC1 成功连接防火墙，在 PC1 上显示了防火墙的登录界面，如图 2-6 所示。

图 2-6　PC1 成功连接防火墙

（4）分别输入初始用户名密码 admin、Admin@123，按照系统提示可自行修改防火墙密码，然后登录防火墙，登录成功的界面如图 2-7 所示。

　　注意：因为防火墙的密码复杂度限制，自行修改密码请参照 Admin@123 格式，否则会提示修改不成功，如可修改为 Huawei@123。

（5）在以上界面输入以下配置命令，修改防火墙名称为 FW-XYZ（名称可自行定义），修改成功的界面如图 2-8 所示。至此，成功通过 Console 方式登录并配置防火墙。

```
[FW1]sysname FW-XYZ
```

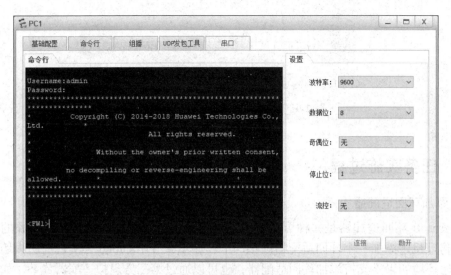

图 2-7   PC1 通过串口成功登录防火墙

图 2-8   修改防火墙名称为 FW-XYZ

2.3   任务 2：通过 Web 方式登录防火墙

2.3.1   任务说明

根据项目场景中的需求，通过物理机的浏览器访问防火墙。采用网线与防火墙的调试管理口 GE0/0/0 进行连接，物理机的 IP 配置为 192.168.0.2。为了让物理机与 FW1 进行通信，需要借助 eNSP 中的 Cloud 云实现，该任务拓扑图如图 2-9 所示。

注意：图中物理机的图标只是对物理机的示意，无须做任何配置。

任务 2   通过 Web
方式登录防火墙

图 2-9   以 Web 方式连接防火墙拓扑图

2.3.2   任务实施过程

1. 添加环回适配器

Microsoft 环回适配器是一种可用于虚拟网络环境进行测试的工具。此步骤的主要目的是在物理机中添加一个环回适配器虚拟网卡，让步骤 2 中 Cloud 云实现与防火墙进行桥接。机房环境如果不支持添加环回适配器，也可以通过第三方虚拟适配器代替。如安装了 vmvare 产品后产生的 vmvare8 或者 vmvare1 适配器。

（1）打开物理机的设备管理器，主界面如图 2-10 所示。

（2）选择网络适配器，然后选择"操作"→"添加过时硬件"命令，如图 2-11 所示。

图 2-10   设备管理器界面   图 2-11   添加过时硬件

（3）进入添加硬件向导界面 1，如图 2-12 所示，单击"下一页"按钮。

（4）进入添加硬件向导界面 2，如图 2-13 所示。选择"安装我手动从列表选择的硬件（高级）"，单击"下一页"按钮。

（5）进入添加硬件向导界面 3，如图 2-14 所示，选择"网络适配器"，单击"下一页"按钮。

图 2-12　硬件向导界面 1

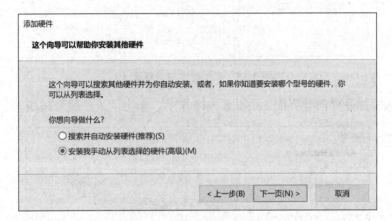

图 2-13　添加硬件向导界面 2

添加硬件

从以下列表，选择要安装的硬件类型

如果看不到想要的硬件类型，请单击"显示所有设备"。

常见硬件类型(H)：

- 通用远程桌面设备
- 图像设备
- 网络适配器
- 系统设备
- 显示适配器
- 远程桌面摄像头设备
- 照相机
- 智能卡

< 上一步(B)　　下一页(N) >　　取消

图 2-14　添加硬件向导界面 3

（6）进入添加硬件向导界面 4，如图 2-15 所示，选择"Microsoft KM-TEST 环回适配器"，单击"下一页"按钮。

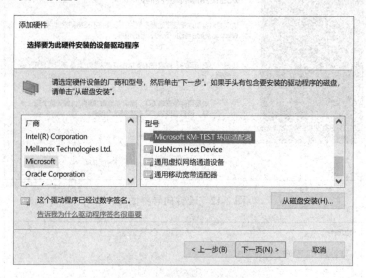

图 2-15　添加硬件向导界面 4

（7）进入添加硬件向导界面 5，如图 2-16 所示，单击"下一页"按钮。

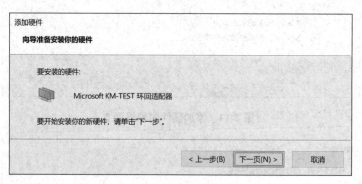

图 2-16　添加硬件向导界面 5

（8）进入添加硬件向导界面 6，如图 2-17 所示，单击"完成"按钮。

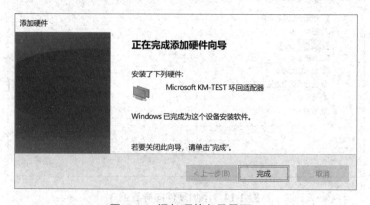

图 2-17　添加硬件向导界面 6

（9）在网络适配器中查看安装完成的环回适配器网卡，如图 2-18 所示。

图 2-18　查看环回适配器网卡

（10）手动配置该网卡 IP 为 192.168.0.2，子网掩码为 255.255.255.0，保证其跟防火墙的管理口 GE0/0/0（IP 信息为 192.168.0.1/24）处于同一网段，如图 2-19 所示。

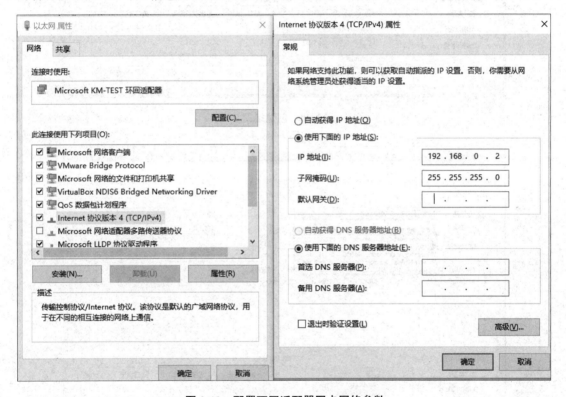

图 2-19　配置环回适配器网卡网络参数

2. Cloud 云和防火墙配置

此部分是对 Cloud 云进行双向通道的绑定，让物理机和防火墙通过环回适配器建立通道。另外配置防火墙的管理口为允许访问。

（1）如图 2-20 所示，双击 Cloud 云设备，绑定信息选择 UDP，端口类型选择 GE，单击"增加"按钮，创建端口 1。

（2）如图 2-21 所示，端口类型选择 GE，绑定信息选择之前添加的环回网卡（IP 是

192.168.0.2），单击"增加"按钮，创建端口 2。

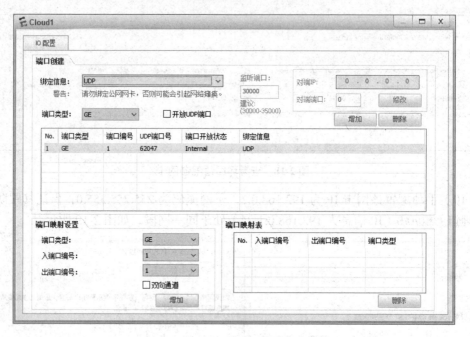

图 2-20　创建端口 1

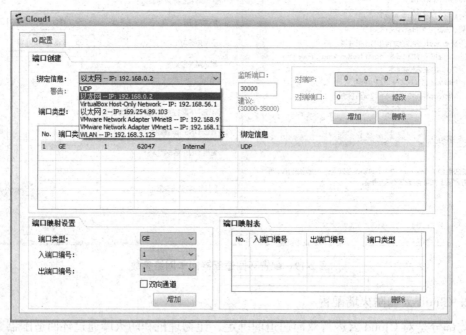

图 2-21　创建端口 2

（3）如图 2-22 所示，端口映射设置下的端口类型选择 GE，入端口编号为 1，出端口编号为 2，选中"双向通道"复选框，单击"增加"按钮，生成端口映射表。

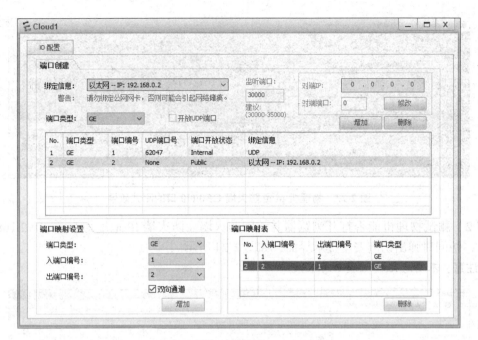

图 2-22　配置端口映射设置

（4）在 GE0/0/0 口上允许 https 访问和 ping 服务。在防火墙上配置相关命令如下。

注意：防火墙是安全设备，在默认情况下，其接口不允许随意访问，放开 https 和 ping 的目的是让防火墙此接口能以 Web 和 ICMP 的方式进行访问。

```
[USG6000V1-GigabitEthernet0/0/0]service-manage ping permit
[USG6000V1-GigabitEthernet0/0/0]service-manage https permit
```

查看配置效果如下：

```
[USG6000V1-GigabitEthernet0/0/0]dis th
2022-08-21 12:32:20.180
#
interface GigabitEthernet0/0/0
 undo shutdown
 ip binding vpn-instance default
 ip address 192.168.0.1 255.255.255.0
 alias GE0/METH
 service-manage https permit
 service-manage ping permit
#
return
```

3. 访问防火墙

（1）首先测试物理机能否 ping 通防火墙的 GE0/0/0 口，检测物理通道的建立情况。测试发现成功 ping 通，如图 2-23 所示。

图 2-23　物理机 ping 防火墙 GE0/0/0 口的测试效果

（2）测试物理机能否打开浏览器并访问防火墙。防火墙 IP 地址为 https://192.168.0.1:8443/，访问时弹出访问安全提示界面，如图 2-24 所示。

注意：不要忘记输入端口号 8443。

图 2-24　访问安全提示

（3）选择页面中的"高级"，再选中"继续访问 192.168.0.1"，如图 2-25 所示。

图 2-25　继续访问

（4）进入登录界面，如图 2-26 所示。

（5）输入用户名 admin 和之前修改的密码进行登录，登录成功的界面如图 2-27 所示。

图 2-26　防火墙网页登录界面

图 2-27　防火墙网页登录成功界面

2.4　任务 3：通过 telnet 协议登录防火墙

2.4.1　任务说明

根据项目场景中的需求，在任务 2 的基础上，通过在物理机启动 Xshell，新建 telnet 会话的方式访问防火墙。采用网线与防火墙的调试口 GE0/0/0 进行连接，物理机的 IP 配置为 192.168.0.2。该任务拓扑图如图 2-28 所示。

任务 3　通过 telnet
协议登录防火墙

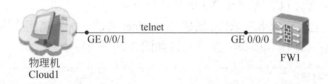

图 2-28　以 telnet 方式连接防火墙拓扑图

2.4.2　任务实施过程

（1）在 FW1 上启用 telnet，配置命令如下：

```
[FW1]telnet server enable
```

（2）在 GE0/0/0 口上打开 telnet 服务。

```
[USG6000V1-GigabitEthernet0/0/0]service-manage telnet permit
```

（3）创建 telnet 管理员用户及密码，并配置用户接入类型为 telnet，关键配置参数如下：

```
[FW-XYZ]aaa
[FW-XYZ-aaa]manager-user telnetuser
[FW-XYZ-aaa-manager-user-telnetuser]password cipher Admin@123
```

```
[FW-XYZ-aaa-manager-user-telnetuser]level 3
[FW-XYZ-aaa-manager-user-telnetuser] service-type telnet
```

注意：在华为防火墙中，管理员级别共有 16 个级别，从低到高分别是 0~15 级。一般而言，级别越高，权限越大。管理员级别和权限的对应关系如表 2-1 所示。

表 2-1　管理员级别和权限的对应关系

管理员级别	说　　明
0	只可以使用参观级（0 级）的命令（即只能处于用户模式）
1	可以使用监控级（1 级）和参观级（0 级）的命令
2	可以使用配置级（2 级）、监控级（1 级）和参观级（0 级）的命令
3	可以使用管理级（3 级）、配置级（2 级）、监控级（1 级）和参观级（0 级）的命令
4~15	在默认情况下，所有的命令最高就是 3 级，但是用户还可以手工修改进行命令级别扩充，扩充的范围是 4~15 级

（4）开启虚拟终端及放行协议。

```
[FW1]user-interface vty 0 4
[FW1-ui-vty0-4]protocol inbound all
```

注意：vty（virtual teletype terminal）指虚拟终端。user-interface vty 0 4 表示可同时打开 5 个虚拟终端会话。protocol inbound 命令用来指定 vty 用户界面所支持的协议，这里用 all 参数表示支持所有协议，可用于 2.5 小节的任务 4。

（5）在物理机上启动 Xshell 软件，新建一个 telnet 会话。配置访问主机 IP 是 192.168.0.1，端口号为 23，单击"连接"按钮，参数配置如图 2-29 所示。

图 2-29　新建 telnet 会话

（6）连接成功，进入 telnet 登录界面，如图 2-30 所示。

（7）使用创建的用户名 telnetuser 和密码 Admin@123 登录，登录成功的界面如图 2-31 所示。

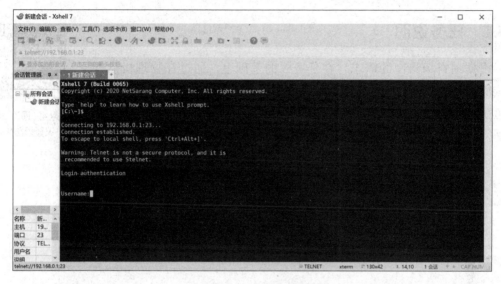

图 2-30 telnet 登录界面

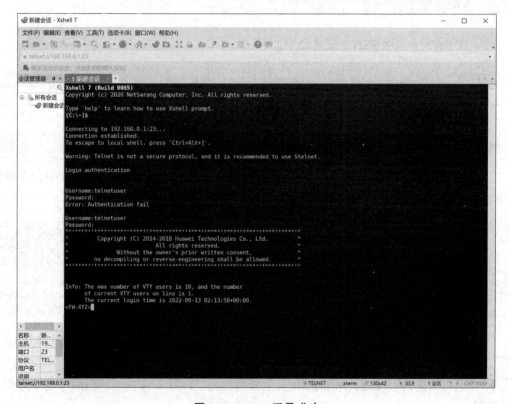

图 2-31 telnet 登录成功

41

2.5 任务 4：通过 SSH 协议登录防火墙

2.5.1 任务说明

根据项目场景中的需求，在任务 3 的基础上，通过在物理机启动 Xshell 并新建 SSH 会话的方式访问防火墙。采用网线与防火墙的调试口 GE0/0/0 进行连接，物理机的 IP 配置为 192.168.0.2。该任务的拓扑图如图 2-32 所示。

任务 4　通过 SSH 协议登录防火墙

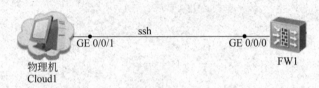

图 2-32　以 SSH 方式连接防火墙拓扑图

2.5.2 任务实施过程

（1）在 FW1 上启用 SSH，配置命令如下：

```
[FW1]stelnet server enable
```

（2）在 FW1 的 GE0/0/0 口上打开 SSH 服务。

```
[USG6000V1-GigabitEthernet0/0/0]service-manage ssh permit
```

（3）创建 SSH 管理员用户及密码，并配置管理员角色和可访问服务为 SSH，关键配置参数如下：

```
[FW-XYZ]aaa
[FW-XYZ-aaa]manager-user sshuser
[FW-XYZ-aaa-manager-user-sshuser]password cipher Admin@123
[FW-XYZ-aaa-manager-user-sshuser]level 3
[FW-XYZ-aaa-manager-user-sshuser] service-type SSH
```

（4）在物理机上启动 Xshell 软件，新建一个 SSH 连接，输入目标主机 IP 为 192.168.0.1，如图 2-33 所示。

（5）单击"连接"按钮，弹出 SSH 安全警告界面，如图 2-34 所示，然后单击"接受并保存"按钮。

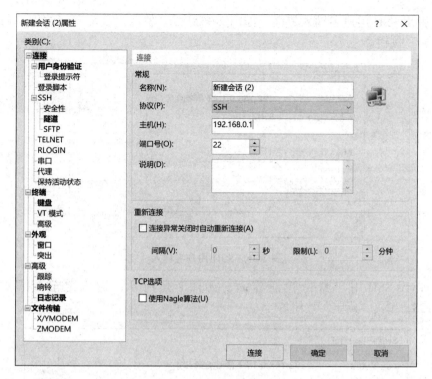

图 2-33 新建 SSH 会话

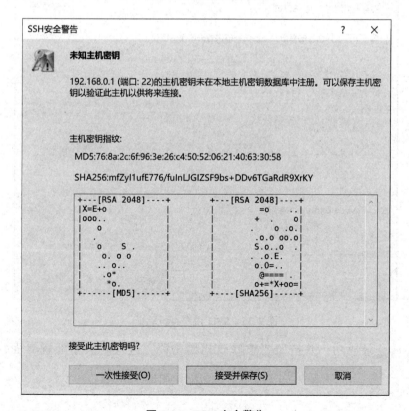

图 2-34 SSH 安全警告

（6）弹出 SSH 用户名输入界面，如图 2-35 所示。输入之前配置好的用户名 sshuser，单击"确定"按钮。

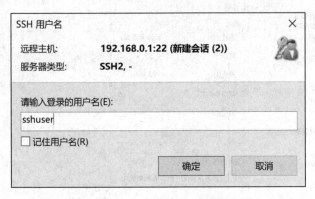

图 2-35　SSH 用户名输入

（7）弹出 SSH 用户身份验证界面，如图 2-36 所示，输入之前配置好的密码 Admin@123，单击"确定"按钮。

图 2-36　SSH 用户身份验证

（8）SSH 登录成功，并按照要求修改初始密码，进入防火墙配置界面，如图 2-37 所示。

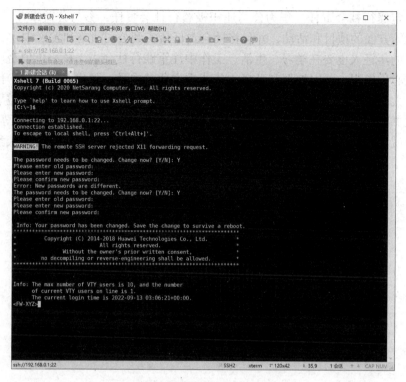

图 2-37　SSH 管理员用户登录成功

习　　题

（1）采用 Console 控制接口、Web、telnet、SSH 四种方式访问防火墙有什么区别？分别在什么情况下使用？

（2）为什么 telnet 和 SSH 访问要新建不同的用户？

（3）防火墙采用 Web 方式登录的网站链接是什么？

思政聚焦：积极践行社会主义核心价值观

多年来，华为公司一直致力于在各方面努力践行社会主义核心价值观。

（1）长期坚持服务社会。华为公司始终致力于成为全球领先的 ICT 解决方案提供商，为各行各业客户提供高质量有效的数字化产品和服务，并积极推动 5G 等技术的应用，为社会创造价值。

（2）坚持推动可持续发展。华为公司践行绿色低碳理念，致力于将数字技术与可持续发展紧密结合，在节能减排、环保等方面做出实质性贡献，为推动全球可持续发展贡献力量。

（3）坚定履行社会责任。华为公司还积极履行社会责任，参与公益事业，支持教育、扶贫、文化等方面的项目和活动，并且将社会责任落实到公司战略和发展中。

新时代的年轻人也要在学习、生活、工作中注重践行社会主义核心价值观。通过践行社会主义核心价值观，可以挖掘和弘扬中华优秀文化的内涵，强化青年志向、信仰和价值观念。青年人应具有社会责任感和公益意识，积极投身于各种志愿活动和公益事业，为实现全国人民共同富裕和国家发展做出贡献。在实践的过程中可以提升个人的尊严和价值。应积极倡导诚实守信、敬业奉献、自律自强等优秀品质和行为，这对提升个人素质具有积极意义。

项目3 防火墙安全策略

CY公司需要对公司内部的一台FTP服务器和HTTP服务器进行员工访问的权限控制，项目经理要求小蔡完成以下业务需求：

（1）研发员工A是管理员，要求能对这两台服务器进行完全控制。

（2）研发员工B可以正常访问FTP服务器和HTTP服务器，但要限制权限。

（3）客户C是临时到办公区域办公。出于安全方面考虑，不允许其访问FTP服务器和HTTP服务器。

（4）售前人员D和E只可以访问HTTP服务器，并且要控制权限。

防火墙各端口及各客户端IP配置和区域划分情况如图3-1所示。

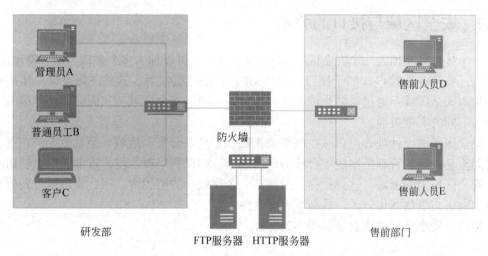

图3-1 安全策略场景拓扑图

3.1 知 识 引 入

3.1.1 安全区域

1. 安全区域基本概念

安全区域是一个逻辑概念，用于管理防火墙设备上安全需求相同的多个接口。管理员将安全需求相同的接口进行分类，并划分到不同的安全域，实现安全策略的统一管理。

华为防火墙默认预定义了四个固定的安全区域，具体如下。

（1）Trust 区域：该区域内网络的受信任程度高，通常用来定义内部用户所在的网络。

（2）Untrust 区域：该区域代表不受信任的网络，通常用来定义不安全网络。

（3）DMZ（demilitarized zone）：起源于军方，是介于严格的军事管制区和松散的公共区域之间的一种有着部分管制的区域。防火墙引用了这一术语，指代一个逻辑上和物理上都与内部网络和外部网络分离的安全区域。该区域通常用于定义内网服务器所在区域，如企业 Web 服务器、FTP 服务器等。因为这种设备虽然部署在内网，但是经常需要被外网访问，存在较大安全隐患，同时一般又不允许其主动访问外网，所以将其部署到一个优先级比 Trust 低，但是比 Untrust 高的安全区域中。

（4）Local 区域：防火墙上提供了该区域，代表防火墙本身。

2. 安全区域的级别

防火墙的安全区域按照安全级别的不同，从 1~100 划分安全级别，数字越大表示安全级别越高。对于默认的安全区域，它们的安全级别是固定的：Local 区域的安全级别是 100，Trust 区域的安全级别是 85，DMZ 区域的安全级别是 50，Untrust 区域的安全级别是 5。

此外，管理员还可以自定义安全区域来实现更细粒度的控制。

3.1.2　安全区域与接口的关系

一个接口只能加入一个安全区域，一个安全区域下可以加入多个接口。除了物理接口，防火墙还支持逻辑接口，如子接口、VLANIF、Tunnel 接口等，这些逻辑接口在使用时也需要加入安全区域。通过将防火墙各接口划分到不同的安全区域，从而将接口连接的网络划分为不同的安全级别。

安全区域的设计理念可以减少网络攻击面。一旦划分安全区域，流量就无法在安全区域之间流动，除非管理员制定了合法的访问规则。如果网络被入侵，攻击者也只能访问同一个安全区域内的资源，这就把损失控制在一个比较小的范围内。因此建议通过划分安全区域为网络实现精细化分区，提高系统安全性。

接口、安全区域的示意图如图 3-2 所示。

3.1.3　安全策略的基本概念

安全策略指的是用于保护网络的规则，它是由管理员在系统中配置，决定了哪些流量可以通过，哪些流量应该被阻断。安全策略是防火墙产品的一个基本概念和核心功能。防火墙通过安全策略来提高业务管控能力，以保证网络的安全。其作用类似于"安检员"对通过防火墙的网络流量和抵达自身流量进行安全检查，满足安全策略条件的流量执行允许的动作才能通过防火墙，不满足条件的流量则被阻止。

安全策略发展经历了基于 ACL 的包过滤阶段、融合的 UTM 安全策略和一体化安全策略三个阶段。

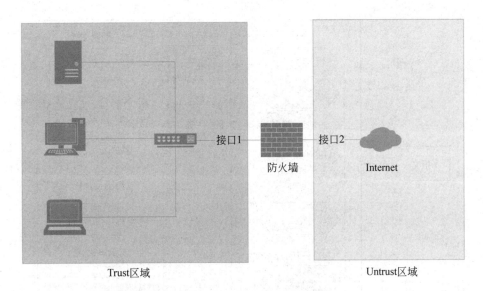

图 3-2 接口、安全区域的示意

1. 基于 ACL 的包过滤阶段

包过滤的处理过程是先获取需要转发数据包的报文头信息，然后和设定的 ACL 规则进行比较，根据比较的结果对数据包进行转发或者丢弃。实现包过滤的核心技术是访问控制列表 ACL。

包过滤只能基于 IP 地址、端口号等控制流量是否可以通过防火墙，无法准确识别应用。

2. 融合的 UTM 安全策略

融合 UTM 的安全策略由条件、动作和 UTM 策略组成。对于融合 UTM 的安全策略来说，多条安全策略之间存在顺序，防火墙在两个安全区域之间转发报文时，会按照从上到下的顺序逐条查找域间存在的安全策略。如果报文命中了某一条安全策略，就会执行该安全策略中的动作，不会再继续向下查找；如果报文没有命中某条安全策略，则会向下继续查找；如果所有的策略都没有命中，则执行默认包过滤中的动作。

3. 一体化安全策略

所谓的一体化，主要包括两个方面的内容：其一是配置上的一体化，像反病毒、入侵防御、URL 过滤、邮件过滤等安全功能都可以在安全策略中引用安全配置文件来实现，降低了配置难度；其二是业务处理上的一体化，安全策略对报文进行一次检测，多业务并行处理，大幅度提升了系统性能。

一体化安全策略除了基于传统的五元组信息之外，还能够基于应用、内容、时间、用户、威胁、位置 6 个维度将模糊的网络环境识别为实际的业务环境，实现精准的访问控制和安全检测。

一体化安全策略由条件、动作和配置文件组成，配置文件的作用是对报文进行内容安全检测，只有动作是允许通过时才能够引用配置文件，其构成示意图如图 3-3 所示。

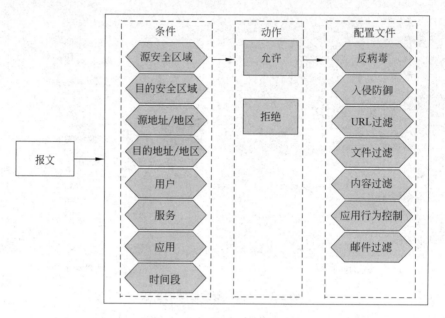

图 3-3　一体化安全策略构成

3.1.4　安全策略的命令行配置

接下来以一个实例来展示安全策略的命令行配置。

比如某个策略需求为：允许 Trust 安全区域内的、192.168.1.0/24 和 192.168.2.0/24 网段的设备能够正常上网，需要创建一条如下的安全策略。

```
<sysname> system-view
[sysname] security-policy
①  [sysname-policy-security] rule name "Allow access to the Internet"
②  [sysname-policy-security-rule-Allow access to the Internet] source-
zone trust
③  [sysname-policy-security-rule-Allow access to the Internet]
destination-zone untrust
④  [sysname-policy-security-rule-Allow access to the Internet] source-
address 192.168.1.0 mask 24
⑤  [sysname-policy-security-rule-Allow access to the Internet] source-
address 192.168.2.0 mask 24
⑥  [sysname-policy-security-rule-Allow access to the Internet] service
http https
⑦  [sysname-policy-security-rule-Allow access to the Internet] action
permit
[sysname-policy-security-rule-Allow access to the Internet] quit
[sysname-policy-security]
```

以上安全策略关键配置的解释如下。

① 建立安全策略名称 Allow access to the Internet。

② 定义源区域 Trust。

③ 定义目标区域 Untrust。

④ 定义源网段 192.168.1.0/24。

⑤ 定义目的网段 192.168.2.0/24。

⑥ 放行允许访问的协议是 http 和 https。

⑦ 策略匹配后动作是放行。注意不要忘记此配置，否则策略没有执行动作，不能生效。

3.1.5 匹配规则与缺省策略

1. 匹配规则

一般根据业务需求会配置多条安全策略，安全策略之间是存在匹配顺序的，防火墙会按照从上到下的顺序逐条查找相应安全策略。若报文没有匹配到安全策略或匹配到安全策略中定义为"阻断"的规则，则报文被丢弃，不再继续后续流程；若报文匹配安全策略中定义为"允许"的规则，则继续后续流程已经配置好的策略。一体化安全策略配置逻辑如图 3-4 所示。

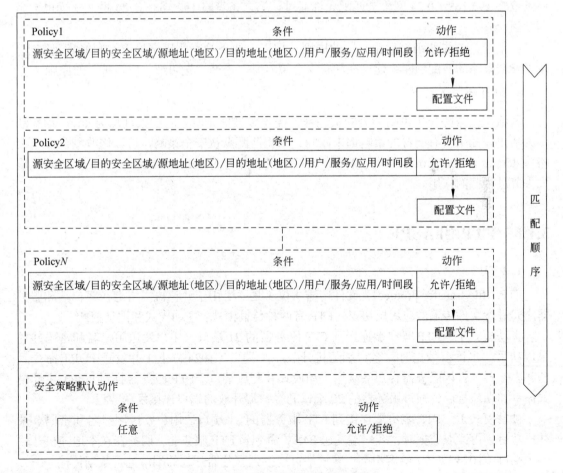

图 3-4 一体化安全策略配置逻辑

可以通过 rule move 配置命令调整上下顺序。比如，以下 Demo 是调整策略名为 rule-namea 的策略顺序。"？"处可根据需要选择 after/before/bottom/down/top/up 参数调整策略顺序。

```
[USG6000V1-policy-security]rule move rulenamea ?
  after    Indicate move after a rule
  before   Indicate move before a rule
  bottom   Indicate move a rule to the bottom
  down     Indicate move down a rule
  top      Indicate move a rule to the top
  up       Indicate move up a rule
```

配置安全策略时有两种原则：一种是"先粗犷，后明细"；另一种是"先明细，后粗犷"。

比如某个需求是：让处于 Trust 区域的 192.168.1.0/24 网段所有 PC，除了 IP 为 192.168.1.2 的 PC 访问流量不能访问 Untrust 区域，其他 IP 的访问流量均可以通过。

如果采用"先粗犷，后明细"的原则，先配置第一条策略允许 192.168.1.0/24 网段报文通过，再配置第二条策略拒绝 192.168.1.1/24 报文通过。防火墙在查找安全策略时，第一条策略 192.168.1.0/24 网段会匹配允许通过，第二条策略 192.168.1.1/24 报文永远也不会匹配到。

如果遵循"先明细，后粗犷"的原则，把以上两条策略顺序调换下，则能满足需求。基于安全策略的匹配顺序，建议在配置安全策略时，遵循"先明细，后粗犷"的原则。

2. 默认安全策略

默认安全策略位于策略列表的最底部，优先级最低，所有匹配条件均为 any，动作默认为禁止。如果所有配置的策略都未匹配，则将匹配默认安全策略。可以修改默认安全策略为 default action permit，即允许所有流量通过。配置为 default action permit 会使防火墙失去流量拦截的作用。

3.1.6 FTP 和 ASPF

1. FTP

FTP（file transfer protocol，文件传输协议）是一个用于计算机网络上在客户端和服务器之间进行文件传输的应用层协议。FTP 有两种传输模式：主动模式和被动模式。

主动模式下，FTP 客户端连接到 FTP 服务器的 21 端口，用户发送用户名和密码并登录成功后，再读取数据时，客户端随机开放一个端口（1024 以上）并发送 PORT 命令到 FTP 服务器，告诉服务器客户端采用主动模式并开放端口。FTP 服务器收到 PORT 主动模式命令和端口号后，通过服务器的 20 端口和客户端开放的端口连接发送数据。

被动模式下，FTP 客户端连接到 FTP 服务器的 21 端口，用户发送用户名和密码登录并成功后，再读取数据时，客户端发送 PASV 命令到 FTP 服务器，服务器在本地随机开放一个端口（1024 以上）给客户端，客户端再连接到服务器开放的端口进行数据传输。

由上可见，FTP 是一个典型的多通道协议。在其工作过程中，FTP 客户端和 FTP 服务器之间将会建立两条连接：控制连接和数据连接。控制连接用来传输 FTP 命令和参数，其中就包括建立数据连接所需要的信息；数据连接用来获取目录及传输数据。

2. ASPF

ASPF（application specific packet filter，针对应用层的包过滤）也叫基于状态的报文过滤。ASPF 可以自动检测某些报文的应用层信息并根据应用层信息放开相应的访问规则。无论主动模式还是被动模式，FTP 的数据通道使用的端口是在控制连接中临时协商出来的，携带在应用层协议中，具有随机性。如何保障数据通道的顺利建立呢？解决这个问题有两种方法：一种方法是需要为这个随机端口单独开放策略，放行 1024~65535 的端口范围，但这样增加了安全风险；另一种方法是利用防火墙的 ASPF（application specific packet filter，针对应用层的包过滤）。ASPF 原理是检测报文的应用层信息，记录应用层信息中携带的关键数据，使得某些在安全策略中没有明确定义要放行的报文也能够得到正常转发。记录应用层中关键数据的表称为 server-map 表。

开启了 ASPF 后，防火墙在 FTP 的控制连接阶段生成了 server-map 表，保证后续 FTP 数据连接可以成功建立。报文命中该表后，不再受安全策略的控制，相当于在防火墙上打开了一个通道，使类似 FTP 的多通道协议的后续报文不受安全策略的控制。报文利用该通道就可以穿越防火墙，不用再受安全策略的约束。

开启 ASPF 功能的操作很简单。以下代码实现在 Trust 和 DMZ 安全域间开启 FTP 的 ASPF 功能。

```
[USG6000V1]firewall interzone trust dmz
[USG6000V1-interzone-trust-dmz]detect ftp
```

3.2 任务 1：安全区域划分和网络基础配置

3.2.1 任务说明

根据案例场景中的需求，对防火墙安全区域进行划分。

① GE 1/0/0 口划分为 Trust 区域，IP 基础信息是 192.1.1.254/24。

② GE 1/0/1 口划分为 Untrust 区域，IP 基础信息是 192.1.2.254/24。

③ GE 1/0/2 口划分为 DMZ 区域，IP 基础信息是 192.1.3.254/24。

④ Trust 区域的网段为 192.1.1.0/24，Unstrust 区域的网段为 192.1.2.0/24。

⑤ DMZ 区域的网段为 192.1.3.0/24。

详细拓扑图设计如图 3-5 所示。

任务 1 安全区域划分和网络基础配置

3.2.2 任务实施过程

（1）配置员工 PC 网络的基本参数，如图 3-6~图 3-10 所示。

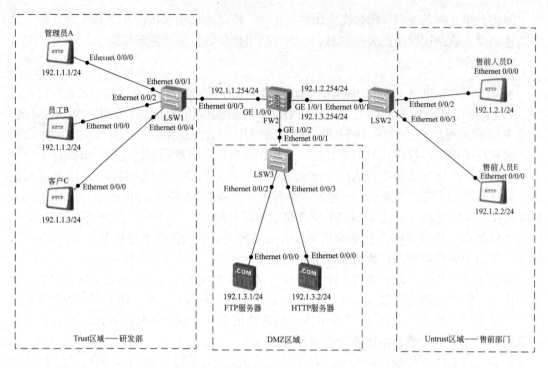

图 3-5　实验网络拓扑图

图 3-6　管理员 A 的 PC 网络基本参数

（2）配置 FTP 服务器基本信息，如图 3-11 所示。

（3）配置 HTTP 服务器基本信息，如图 3-12 所示。

图 3-7　员工 B 的 PC 网络基本参数

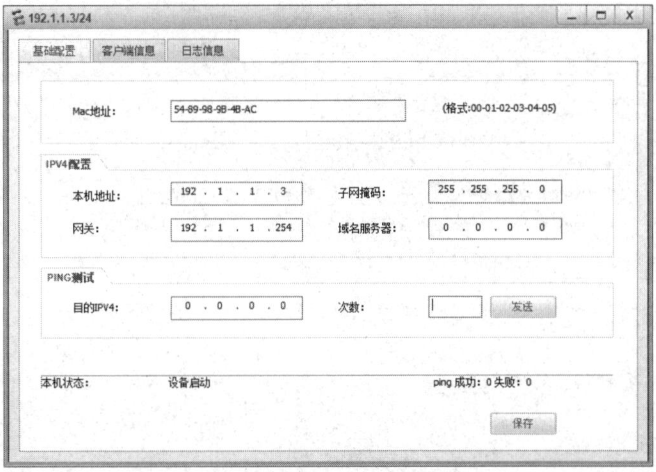

图 3-8　客户 C 的网络基本参数

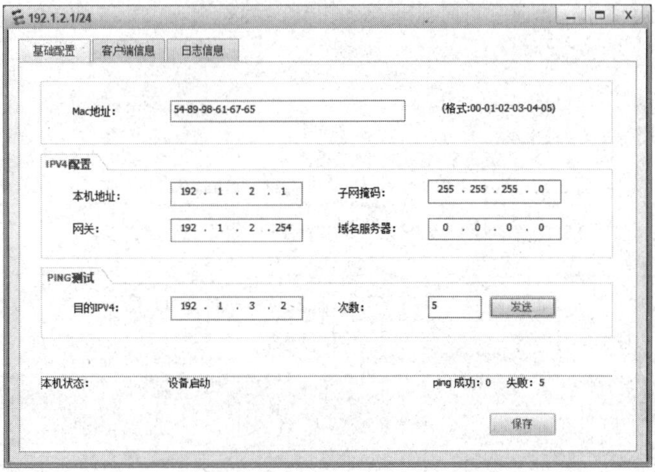

图 3-9　售前人员 D 的 PC 网络基本参数

图 3-10 售前人员 E 的 PC 网络基本参数

图 3-11 FTP 服务器网络基本参数

图 3-12 HTTP 服务器网络基本参数

（4）配置防火墙网络基本参数，配置命令如下，配置结果如图 3-13 所示。

```
#
interface GigabitEthernet0/0/0
  ip address 192.168.0.1 255.255.255.0
  alias GE0/METH
#
interface GigabitEthernet1/0/0
  undo shutdown
  ip address 192.1.1.254 255.255.255.0
#
interface GigabitEthernet1/0/1
  undo shutdown
  ip address 192.1.2.254 255.255.255.0
#
interface GigabitEthernet1/0/2
  undo shutdown
  ip address 192.1.3.254 255.255.255.0
#
```

图 3-13   基本参数配置结果

（5）再进行防火墙安全区域划分，将 GE 1/0/0 口加入 Trust 区域，将 GE 1/0/1 口加入 Untrust 区域，将 GE 1/0/2 口加入 DMZ 区域。配置命令如下，配置结果如图 3-14 所示。

注意：GE 0/0/0 口默认在 Trust 区域。

```
#
firewall zone trust
  set priority 85
  add interface GigabitEthernet0/0/0
  add interface GigabitEthernet1/0/0
#
firewall zone untrust
  set priority 5
  add interface GigabitEthernet1/0/1
#
firewall zone dmz
  set priority 50
  add interface GigabitEthernet1/0/2
#
```

```
[USG6000V1]dis zone
2022-09-16 03:19:26.260
local
 priority is 100
 interface of the zone is (0):
#
trust
 priority is 85
 interface of the zone is (2):
    GigabitEthernet0/0/0
    GigabitEthernet1/0/0
#
untrust
 priority is 5
 interface of the zone is (1):
    GigabitEthernet1/0/1
#
dmz
 priority is 50
 interface of the zone is (1):
    GigabitEthernet1/0/2
#
[USG6000V1]
```

图 3-14　安全区域划分

3.3　任务 2: 防火墙策略配置

3.3.1　任务说明

任务 2　防火墙
策略配置

根据案例场景，策略配置需要满足以下需求。

（1）研发员工 A 是管理员，权限是能对这两台服务器进行完全控制。

（2）研发员工 B 可以正常访问 FTP 服务器和 HTTP 服务器，但要限制权限。

（3）客户 C 是临时到办公区域办公。为安全考虑，不允许其访问 FTP 服务器和 HTTP服务器。

（4）售前人员 D 和 E 只可以访问 http 服务器，并且要控制权限。

3.3.2   任务实施过程

（1）配置以下策略，实现需求 1："研发员工 A 是管理员，权限是能对这两台服务器进行完全控制。"

```
#
security-policy
rule name truA->dmz
  source-zone trust
  destination-zone dmz
  source-address 192.1.1.1 mask 255.255.255.255
  action permit
#
```

（2）配置以下策略，实现需求 2："研发员工 B 可以正常访问 HTTP 服务器，但要限制权限。"

```
 #
rule name truB->HTTP
  source-zone trust
  destination-zone dmz
  source-address 192.1.1.2 mask 255.255.255.255
  destination-address 192.1.3.2 mask 255.255.255.255
  service protocol tcp destination-port 80
  action permit
 #
```

（3）配置以下策略，实现需求 3："研发员工 B 可以正常访问 FTP 服务器，但要限制权限。"有两种方法。

① 需要放行控制通道和数据通道，配置两条安全策略如下。

```
 #
 rule name truB->FTP1
  source-zone trust
  destination-zone dmz
  source-address 192.1.1.2 mask 255.255.255.255
  destination-address 192.1.3.1 mask 255.255.255.255
  service protocol tcp destination-port 21
  action permit
 rule name truB->FTP2
  source-zone trust
  destination-zone dmz
  source-address 192.1.1.2 mask 255.255.255.255
```

```
    destination-address 192.1.3.1 mask 255.255.255.255
    service protocol tcp destination-port 1025 to 65535
    action permit
 #
```

② 实行控制通道策略，同时开启 Trust 到 DMZ 的域间 ASPF。

```
rule name truB->FTP1
   source-zone trust
   destination-zone dmz
   source-address 192.1.1.2 mask 255.255.255.255
   destination-address 192.1.3.1 mask 255.255.255.255
   service protocol tcp destination-port 21
   action permit
```

```
[USG6000V1]firewall interzone trust dmz
[USG6000V1-interzone-trust-dmz]detect ftp
```

（4）需求 4："客户 C 是临时到办公区域办公，从安全角度考虑，不允许其访问 FTP 服务器和 HTTP 服务器。"默认策略便可实现效果，无须配置策略。

（5）配置以下策略，实现需求 5："售前人员 D 和 E 只可以访问 HTTP 服务器，并且要控制权限。"

```
 #
rule name untr->HTTP
   source-zone untrust
   destination-zone dmz
   destination-address 192.1.3.2 mask 255.255.255.255
   service protocol tcp destination-port 80
   action permit
 #
```

3.4 任务 3：需求验证

3.4.1 任务说明

根据案例场景中的需求，对配置效果进行验证。

任务 3 需求验证

3.4.2 任务实施过程

（1）启动 FTP 服务器。双击 FTP 服务器，然后定位到服务器信息，单击"启动"按钮，如图 3-15 所示。

图 3-15 FTP 服务器界面

（2）双击 HTTP 服务器，然后定位到服务器信息，单击"启动"按钮，启动 HTTP 服务器，如图 3-16 所示。

图 3-16 HTTP 服务器界面

（3）测试员工 A 可以通过 Web 访问服务器，也可 ping 通 HTTP 服务器，实现对 HTTP 服务器的完全访问权限，如图 3-17 和图 3-18 所示。

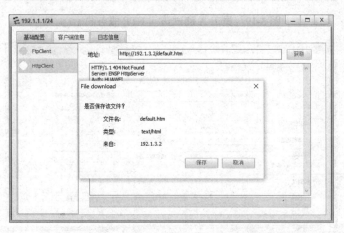

图 3-17 员工 A 测试访问 HTTP 服务器（1）

（4）测试员工 A 可以通过 Web 访问 FTP 服务器，也可以 ping 通 FTP 服务器，实现对 FTP 服务器的完全访问权限，如图 3-19 和图 3-20 所示。

图 3-18　员工 A 测试访问 HTTP 服务器（2）

图 3-19　员工 A 测试访问 FTP 服务器（1）

图 3-20　员工 A 测试访问 FTP 服务器（2）

（5）因权限受限，员工 B 只可以用 Web 方式访问 HTTP 服务器，而不可 ping 通 HTTP 服务器如图 3-21 和图 3-22 所示。

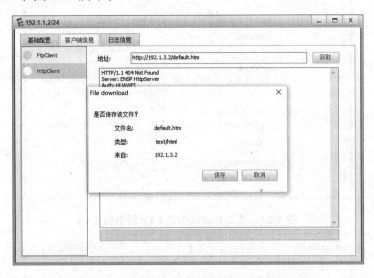

图 3-21　员工 B 测试访问 HTTP 服务器（1）

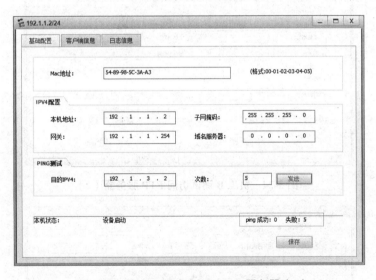

图 3-22　员工 B 测试访问 HTTP 服务器（2）

（6）员工 B 只可以用 FTP 方式访问 FTP 服务器，而无法 ping 通 FTP 服务器，因权限受限，如图 3-23 和图 3-24 所示。

（7）客户 C 完全无法访问 FTP 服务器，如图 3-25 和图 3-26 所示。

（8）客户 C 完全无法访问 HTTP 服务器，如图 3-27 和图 3-28 所示。

（9）售前员工 D、E 可以访问 HTTP 服务器，但访问受限。员工 D 和 E 访问要求一致，这里只测试售前员工 D 的访问结果，如图 3-29 和图 3-30 所示。

（10）售前员工 D、E 不可以访问 FTP 服务器，员工 D 和 E 访问要求一致，这里只测试售前员工 D 的访问结果，如图 3-31 和图 3-32 所示。

图 3-23　员工 B 测试访问 FTP 服务器（1）

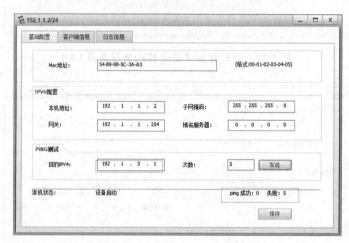

图 3-24　员工 B 测试访问 FTP 服务器（2）

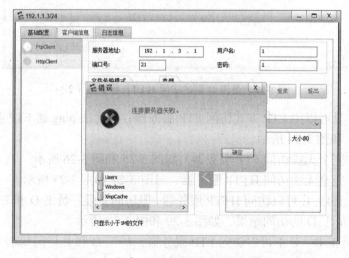

图 3-25　客户 C 测试访问 FTP 服务器（1）

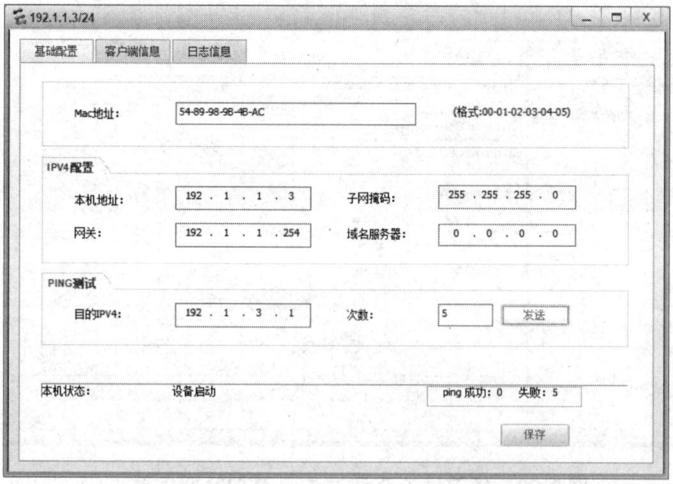

图 3-26　客户 C 测试访问 FTP 服务器（2）

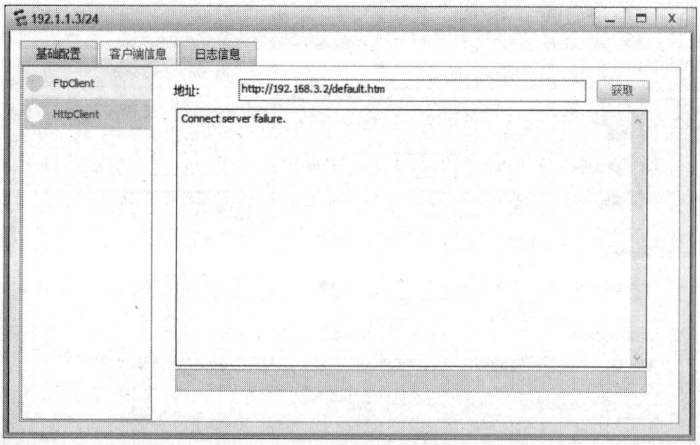

图 3-27　客户 C 测试访问 HTTP 服务器（1）

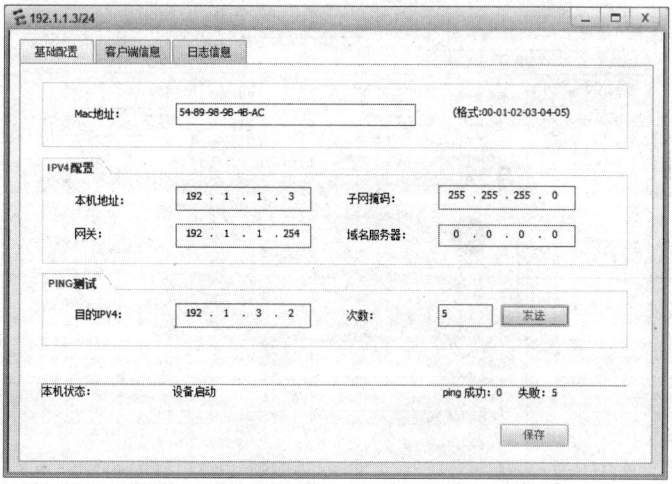

图 3-28　客户 C 测试访问 HTTP 服务器（2）

图 3-29　售前员工 D 测试访问 HTTP 服务器（1）

图 3-30　售前员工 D 测试访问 HTTP 服务器（2）

图 3-31　售前员工 D 测试访问 FTP 服务器（1）

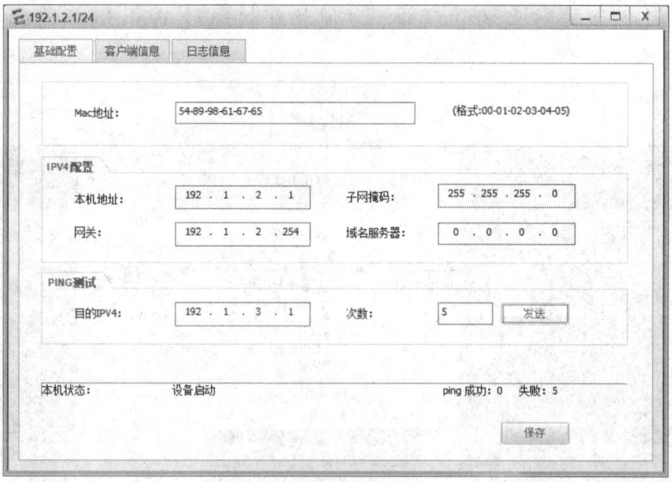

图 3-32 售前员工 D 测试访问 FTP 服务器（2）

习   题

（1）安全策略的匹配顺序是怎样的？在配置安全策略时，应该遵循什么原则？

（2）为什么 Untrust->DMZ 的策略需要配置两条？

（3）如何修改默认安全策略？

（4）说明以下安全策略的含义。

```
#
 rule name truB->FTP1
  source-zone trust
  destination-zone dmz
  source-address 192.1.1.2 mask 255.255.255.255
  destination-address 192.1.3.1 mask 255.255.255.255
  service protocol tcp destination-port 21
  action permit
 rule name truB->FTP2
  source-zone trust
  destination-zone dmz
  source-address 192.1.1.2 mask 255.255.255.255
  destination-address 192.1.3.1 mask 255.255.255.255
  service protocol tcp destination-port 1025 to 65535
  action permit
#
```

（5）网络拓扑如图 3-33 所示，请使用 Web 浏览器的方式对防火墙进行图形化配置，完成以上项目需求。

提示：Cloud 设备连接防火墙管理口，方便物理机通过 Web 浏览器的方式访问防火墙。

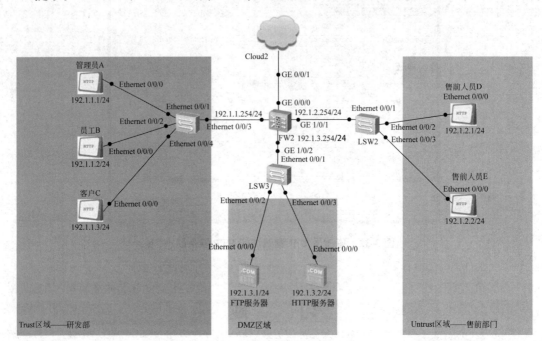

图 3-33　练习 5 网络拓扑

思政聚焦：面对腐败零容忍

　　作为一家全球领导性企业，华为公司非常注重反腐败和合规经营，始终坚持对腐败的零容忍。华为公司在各国有关公平竞争、反贿赂和反腐败的法律框架下开展业务，将公司的反贿赂和反腐败义务置于公司的商业利益之上，确保公司业务建立在公平、公正、透明的基础上。长期致力于通过资源的持续投入建立符合业界最佳实践的合规管理体系，并坚持将合规管理端到端地落实到业务活动及流程中。重视并持续营造诚信文化，要求每一位员工遵守商业行为准则，每位员工以及与华为进行商业行为的实体和个人都应遵守和维护华为在反贿赂和反腐败方面的政策。一直以来，重视内部管理层团队调整，狠抓整改懈怠官僚主义、形式主义等问题，推进治理机制改革和效能提升。表明华为在面对腐败等问题时能够及时采取行动，加强管理和合规，确保企业健康有序发展。

　　在新时代，我们年轻人面对社会上的诱惑增多，面对不良诱惑，我们也要坚定零容忍的态度，逐渐培养和形成底线思维。底线思维是人们对于道德、法律、纪律等方面界定的清晰标准，它是人们行为准则和价值观念的重要体现。它可以帮助年轻人树立正确的世界观、人生观和价值观，让他们在生活、学习、工作中形成良好的道德行为习惯，减少犯错的可能性。其次，可以提高年轻人的法律素养和法治意识，引导他们遵守法律规定和社会公序良俗，不走极端和非法的路子。最后它可以帮助年轻人增强纪律观念和责任感，使他们懂得自己应该尽到职责和义务，从而做好本职工作，为个人和社会做出应有的贡献。

项目 4　防火墙源 NAT 策略

CY 公司组建了一个有 20 名员工的新部门，公司防火墙出口 IP 地址是 1.1.1.254/24，此外还向 ISP（Internet service provider，因特网服务提供商）申请了 3 个公网 IP 地址（1.1.1.10/24~1.1.1.12/24）。公网 IP 地址只有 3 个，不可能每个人都能分配到一个公网 IP 地址。项目经理安排小蔡通过在防火墙上进行相关配置，解决公司新部门员工的上网问题，同时要考虑避免产生环路路由的网络安全问题。小蔡想了想，可以把新部门规划在 Trust 区域，考虑采用源 NAT 技术实现，示意图如图 4-1 所示。

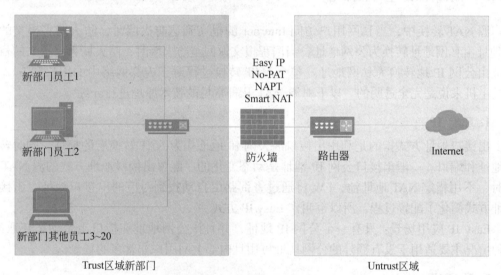

图 4-1　几种源 NAT 方式访问公网示意图

4.1　知　识　引　入

4.1.1　源 NAT 概述

1. NAT 产生的背景

Internet 爆炸式发展，让 IPv4 地址日渐枯竭。IPv6 技术目前还不能大面积普及，因此各种延长 IPv4 寿命的技术不断出现。NAT（network address translation，网络地址转换）就是其中的一种优秀技术。NAT 技术涵盖的功能很多，最常用的就是源 NAT。源 NAT 技术是对 IP 报文的源地址进行转换，将私网 IP 地址转换成公网 IP 地址，使大量私网用户可以利用少量公网 IP 地址访问 Internet，大大减少对公网 IP 地址的消耗。

2. 源 NAT 的作用

源 NAT 技术主要有以下作用：

（1）实现私网地址对公网地址的转换，在保障通信的基础上节约 IP 地址资源；

（2）有效地避免来自网络外部的攻击，隐藏并保护网络内部的计算机。

3. 源 NAT 类型

防火墙的源 NAT 从转换原理上可以分为两种模式：仅地址转换模式，以及地址和端口转换模式。仅地址转换模式包括 NAT No-PAT，而地址和端口转换模式包括 NAPT、Smart NAT、Easy IP 和三元组 NAT。

4.1.2　源 NAT 基本原理

源 NAT 转换中，当私网用户访问 Internet 的报文到达防火墙时，防火墙将报文的源 IP 地址由私网地址转换为公网地址。当回程报文返回至防火墙时，防火墙再将报文的目的地址由公网 IP 地转换为私网地址。整个 NAT 转换过程对于内部网络中的用户和 Internet 上的主机来说是完全透明的。以下对源 NAT 几种常见的技术原理进行介绍。

1. Easy IP

出接口地址方式指的是利用出接口的公网 IP 地址作为 NAT 转换后的地址，同时转换源地址和端口。一般出接口公网 IP 地址是动态变化的。配置出接口地址方式的源 NAT 策略时，不用指定 NAT 地址池，FW 将通过查询路由自动找到对应的出接口地址。出接口地址方式简化了配置过程，所以也叫作 Easy IP 方式。

Easy IP 应用场景：只有一个公网 IP 地址，并且该公网地址在接口上是动态获取的。这种情况主要适用于没有额外的公网地址可用且内部上网用户非常多的场景。

2. No-PAT

No-PAT 只转换地址，不转换端口。No-PAT 可以实现私网地址到公网地址的一对一转换。No-PAT 配置参数中有 Global 和 Local 两个选择，区别如下。

（1）本地（Local）No-PAT。本地 No-PAT 生成的 Server-Map 表（Server-Map 表在项目 5 中进行详细介绍）中包含安全区域参数，Host 只能使用此公网 IP 地址与该安全区域的用户互相访问，受域间关系限制。

（2）全局（Global）No-PAT。全局 No-PAT 生成的 Server-Map 表中不包含安全区域参数，Host 可以使用此公网 IP 地址与其他安全区域的用户互相访问，不受域间关系限制。

No-PAT 应用场景：需要上网的私网用户数量少，公网 IP 地址数量与同时上网的最大私网用户数量基本相同，一般不常用。

3. NAPT

NAPT（network address and port translation，网络地址和端口转换）可同时对源 IP 地址和端口进行转换（也可称为 PAT）。NAPT 是应用最广泛的地址转换方式，可以利用少量的公网 IP 地址来满足大量私网用户访问 Internet 的需求。

NAPT 方式和 NAT No-PAT 方式在配置上的区别仅在于：NAPT 方式的 NAT 策略在引用 NAT 地址池时不配置关键字 no-pat，其他的配置都是一样的。

NAPT 应用场景：公网 IP 地址数量少，需要上网的私网用户数量多。

4. Smart NAT

Smart NAT 结合了 No-PAT 和 NAPT 两种模式，将地址池中的一个 IP 地址指定为保留 IP 地址。当地址池中剩余的地址被 NAT No-PAT 用尽时，如果还有额外的用户需要地址转换服务，防火墙会针对这些用户的地址转换需求进行 NAPT 转换。解决了 No-PAT 只能为内网用户提供少量地址转换的问题。

Smart NAT 应用场景：平时上网的用户数量少，公网 IP 地址数量与同时上网的最大私网用户数量基本相同；个别时间段的上网用户数量激增，公网 IP 地址数量远远小于上网用户数量。

5. 三元组 NAT

三元组 NAT 是与源 IP 地址、源端口和协议类型有关的一种转换。将源 IP 地址和源端口转换为固定公网 IP 地址和端口，能解决一些特殊应用在普通 NAT 中无法实现的问题。

注意：USG9000 以上的高级防火墙才具备 Smart NAT 和三元组 NAT 的功能。

4.1.3　NAT 策略和 NAT 地址池

1. 地址池

NAT 地址池是一个用来存放公网 IP 地址的集合，是一个虚拟的概念。防火墙在进行地址转换时随机从 NAT 地址池中挑选出一个公网 IP 地址，然后对私网 IP 地址进行转换。以下是一个用于 NAPT 方式使用的地址池示例，地址池名为 group1，地址池中存放的 IP 地址范围是 1.1.1.10~1.1.1.15，mode pat 用于说明源 NAT 的 NAPT 方式。

```
#
nat address-group group1 0
  mode pat
  section 0 1.1.1.10 1.1.1.15
#
```

2. NAT 策略

NAT 策略语法与安全策略基本相似，以下是一个 NAT 策略的配置命令。

```
#
nat-policy
  rule name Tru->Untru
  source-zone trust
  destination-zone untrust
  source-address 10.1.1.0 mask 255.255.255.0
  action source-nat address-group group1
#
```

该策略中，NAT 策略名是 Tru->Untru，引用了名为 group1 地址池。整个策略的作用是让处于 Trust 区域的 10.1.1.0/24 网段主机能使用地址池中的 IP 访问外网。

与安全策略执行原理类似，多条 NAT 策略之间也存在匹配顺序。如果报文命中了某一条 NAT 策略，就会按照该 NAT 策略中引用的地址池来进行地址转换；如果报文没有命中某条 NAT 策略，则会向下继续查找。

注意：因为防火墙的首包报文处理顺序机制，如果要针对源地址设置安全策略，安全策略中的源地址应该是进行 NAT 转换之前的私网地址。

4.1.4 黑洞路由

1. NAT 下路由环路产生的背景

NAT 拓扑场景中，防火墙通过 NAT 配置连接到公网会创建一条静态路由，下一跳是运营商路由器。路由器同时也会配置一条到防火墙的静态路由，从而保证路由可达。

当公网 PC 无意或故意访问 NAT 地址池中配置的地址，会出现以下两种情况。

（1）当 NAT 地址池地址与防火墙出接口 IP 不在同一网段，这种情况会产生路由环路导致访问报文在防火墙和路由器之间进行循环转发，消耗系统资源。这种情况必须配置黑洞路由。

（2）当 NAT 地址池地址与防火墙出接口 IP 在同一网段，这种不会产生路由环路，但是会增加一个 ARP Request 请求。如果公网上的不法分子发起大量访问时，防火墙将发送大量的 ARP 请求报文，消耗系统资源。这种情况建议配置黑洞路由。

2. 配置黑洞路由

黑洞路由配置有两种方法。例如，地址池中有地址（1.1.1.10 和 1.1.1.11），为了避免产生环路，可以按照以下方法配置黑洞路由。

第一种方法，直接配置黑洞路由：

```
[USG6000V1]ip route-static 1.1.1.10 32 NULL 0
[USG6000V1]ip route-static 1.1.1.11 32 NULL 0
```

第二种方法，在地址池中配置黑洞路由：

```
#
nat address-group group1 0
```

```
mode pat
route enable          // 黑洞路由配置
section 0 1.1.1.10 1.1.1.11
#
```

这样当公网 PC 主动访问 NAT 地址池中配置的地址时，如果匹配到黑洞路由防火墙，便不会转发而直接丢弃，好像报文被送入了"黑洞"一样，一去不复返。

4.2 任务 1: 用 Easy IP 方式访问外网

4.2.1 任务说明

本任务网络拓扑如图 4-2 所示，对防火墙安全区域进行划分，GE 1/0/1 口划分为 Trust 区域，IP 基础信息是 10.1.1.254/24；GE 1/0/2 口划分为 Untrust 区域，IP 基础信息是 1.1.1.254/24；内网中的 2 台主机（PC1 和 PC2）模拟新部门员工 2 台计算机，Server1 模拟公网中的一台 Web 服务器。内网中的 2 台主机（PC1 和 PC2）采用 Easy IP 方式访问服务器 Server1。

任务 1 用 Easy IP 方式访问外网

注意： 为了突出重点，这里简化网络拓扑，让防火墙的出接口直连 Web 服务器，实际场景中防火墙出口需要根据运营商提供的接入网关接入公网。

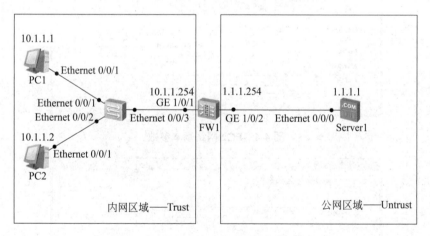

图 4-2 任务 1 网络拓扑

4.2.2 任务实施过程

（1）配置 PC1 网络基本参数，如图 4-3 所示。

（2）配置 PC2 网络基本参数，如图 4-4 所示。

（3）配置 Server1 网络基本参数，如图 4-5 所示。

图 4-3　PC1 网络基本参数

图 4-4　PC2 网络基本参数

图 4-5　Server1 网络基本参数

（4）配置防火墙相关端口网络基本参数，配置命令如下，配置结果如图 4-6 所示。

```
#
interface GigabitEthernet1/0/1
  undo shutdown
  ip address 10.1.1.254 255.255.255.0
#
interface GigabitEthernet1/0/2
  undo shutdown
  ip address 1.1.1.254 255.255.255.0
#
```

```
[FW1]dis ip int br
2022-09-27 12:46:59.360
*down: administratively down
^down: standby
(l): loopback
(s): spoofing
(d): Dampening Suppressed
(E): E-Trunk down
The number of interface that is UP in Physical is 4
The number of interface that is DOWN in Physical is 6
The number of interface that is UP in Protocol is 4
The number of interface that is DOWN in Protocol is 6

Interface                     IP Address/Mask      Physical   Protocol
GigabitEthernet0/0/0          192.168.0.1/24       down       down
GigabitEthernet1/0/0          unassigned           down       down
GigabitEthernet1/0/1          10.1.1.254/24        up         up
GigabitEthernet1/0/2          1.1.1.254/24         up         up
GigabitEthernet1/0/3          unassigned           down       down
GigabitEthernet1/0/4          unassigned           down       down
GigabitEthernet1/0/5          unassigned           down       down
GigabitEthernet1/0/6          unassigned           down       down
NULL0                         unassigned           up         up(s)
Virtual-if0                   unassigned           up         up(s)
```

图 4-6　防火墙相关端口网络基本参数

（5）防火墙安全区域划分，将 GE 1/0/1 口加入 Trust 区域，将 GE 1/0/2 口加入 Untrust 区域，配置命令如下，配置结果如图 4-7 所示。

```
[FW1]dis zone
2022-09-27 12:57:28.270
local
 priority is 100
 interface of the zone is (0):
#
trust
 priority is 85
 interface of the zone is (2):
    GigabitEthernet0/0/0
    GigabitEthernet1/0/1
#
untrust
 priority is 5
 interface of the zone is (1):
    GigabitEthernet1/0/2
#
dmz
 priority is 50
 interface of the zone is (0):
#
```

图 4-7　防火墙安全区域划分

```
#
firewall zone trust
  set priority 85
  add interface GigabitEthernet0/0/0
  add interface GigabitEthernet1/0/1
#
firewall zone untrust
  set priority 5
  add interface GigabitEthernet1/0/2
#
```

（6）配置安全策略，允许内网能访问外网，策略配置命令如下。

```
#
security-policy
  rule name tru->untru
  source-zone trust
  destination-zone untrust
  source-address 10.1.1.0 mask 255.255.255.0
  action permit
#
```

（7）配置 Easy IP 方式的源 NAT 策略，使用私网用户直接借用 FW 的出接口地址来访问，配置命令如下。

```
#
nat-policy
  rule name tru->untru
  source-zone trust
  destination-zone untrust
  source-address 10.1.1.0 mask 255.255.255.0
  action source-nat easy-ip
#
```

4.2.3 需求验证

（1）如图 4-8 所示，PC1 使用 ping -t 命令 ping Server1，访问成功。

（2）如图 4-9 所示，PC2 使用 ping -t 命令 ping Server1，访问成功。

（3）查看防火墙会话表，可以看到 PC1 的 IP（10.1.1.1）和 PC2 的 IP（10.1.1.2）转换成了防火墙出接口 IP（1.1.1.254），同时端口也发生了转换，如图 4-10 所示。

（4）为了更直观地查看私网访问公网的源地址变化情况，停止 PC2 对 Server1 的访问，保留 PC1 对 Server1 的访问（也可以停止 PC1 对 Server1 的访问，保留 PC2 对 Server1 的访问）。使用 Wireshark 分别在 GE1/0/1 口和 GE1/0/2 口抓包，如图 4-11 和图 4-12 所示。可以看到 PC1 访问流量源地址由私网地址 10.1.1.1 转成了防火墙出接口 IP（1.1.1.254）。

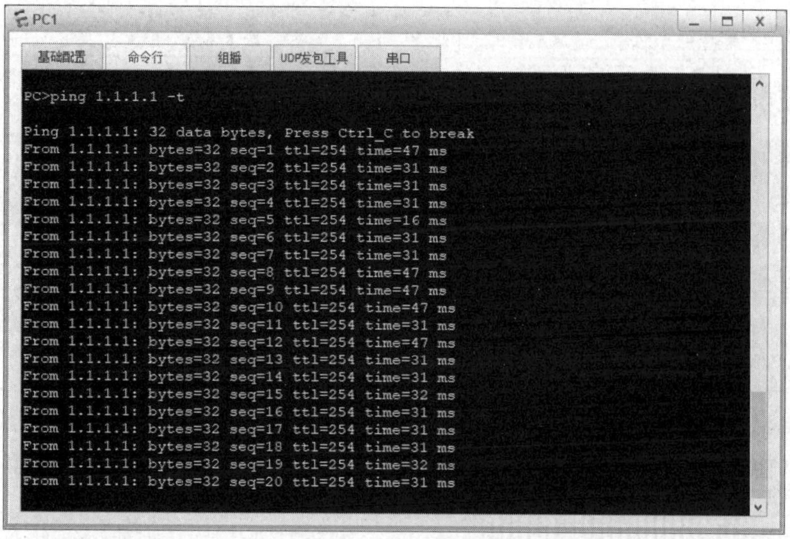

```
PC>ping 1.1.1.1 -t

Ping 1.1.1.1: 32 data bytes, Press Ctrl_C to break
From 1.1.1.1: bytes=32 seq=1 ttl=254 time=47 ms
From 1.1.1.1: bytes=32 seq=2 ttl=254 time=31 ms
From 1.1.1.1: bytes=32 seq=3 ttl=254 time=31 ms
From 1.1.1.1: bytes=32 seq=4 ttl=254 time=31 ms
From 1.1.1.1: bytes=32 seq=5 ttl=254 time=16 ms
From 1.1.1.1: bytes=32 seq=6 ttl=254 time=31 ms
From 1.1.1.1: bytes=32 seq=7 ttl=254 time=31 ms
From 1.1.1.1: bytes=32 seq=8 ttl=254 time=47 ms
From 1.1.1.1: bytes=32 seq=9 ttl=254 time=47 ms
From 1.1.1.1: bytes=32 seq=10 ttl=254 time=47 ms
From 1.1.1.1: bytes=32 seq=11 ttl=254 time=31 ms
From 1.1.1.1: bytes=32 seq=12 ttl=254 time=47 ms
From 1.1.1.1: bytes=32 seq=13 ttl=254 time=31 ms
From 1.1.1.1: bytes=32 seq=14 ttl=254 time=31 ms
From 1.1.1.1: bytes=32 seq=15 ttl=254 time=32 ms
From 1.1.1.1: bytes=32 seq=16 ttl=254 time=31 ms
From 1.1.1.1: bytes=32 seq=17 ttl=254 time=31 ms
From 1.1.1.1: bytes=32 seq=18 ttl=254 time=31 ms
From 1.1.1.1: bytes=32 seq=19 ttl=254 time=32 ms
From 1.1.1.1: bytes=32 seq=20 ttl=254 time=31 ms
```


图 4-8 PC1 ping Server1

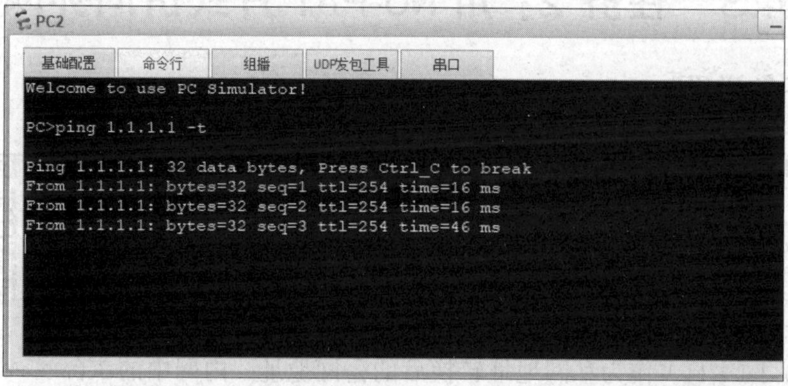

```
Welcome to use PC Simulator!

PC>ping 1.1.1.1 -t

Ping 1.1.1.1: 32 data bytes, Press Ctrl_C to break
From 1.1.1.1: bytes=32 seq=1 ttl=254 time=16 ms
From 1.1.1.1: bytes=32 seq=2 ttl=254 time=16 ms
From 1.1.1.1: bytes=32 seq=3 ttl=254 time=46 ms
```


图 4-9 PC2 ping Server1

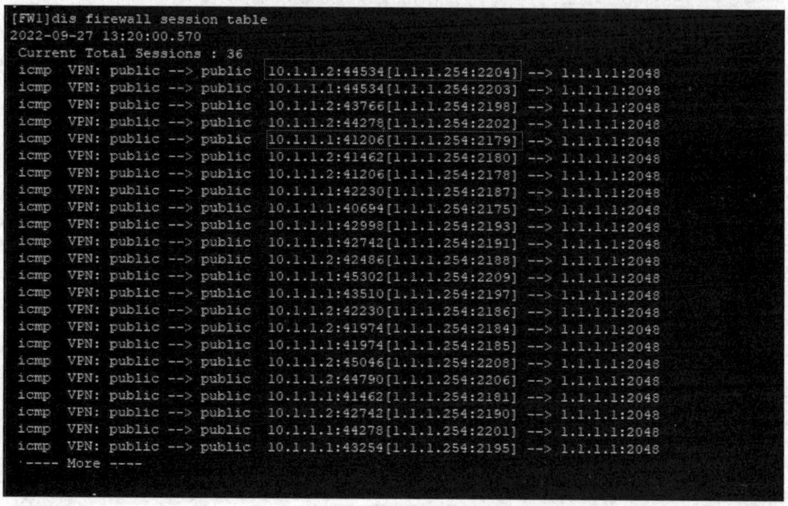

```
[FW1]dis firewall session table
2022-09-27 13:20:00.570
 Current Total Sessions : 36
 icmp  VPN: public --> public  10.1.1.2:44534[1.1.1.254:2204] --> 1.1.1.1:2048
 icmp  VPN: public --> public  10.1.1.1:44534[1.1.1.254:2203] --> 1.1.1.1:2048
 icmp  VPN: public --> public  10.1.1.2:43766[1.1.1.254:2198] --> 1.1.1.1:2048
 icmp  VPN: public --> public  10.1.1.2:44278[1.1.1.254:2202] --> 1.1.1.1:2048
 icmp  VPN: public --> public  10.1.1.1:41206[1.1.1.254:2179] --> 1.1.1.1:2048
 icmp  VPN: public --> public  10.1.1.2:41462[1.1.1.254:2180] --> 1.1.1.1:2048
 icmp  VPN: public --> public  10.1.1.2:41206[1.1.1.254:2178] --> 1.1.1.1:2048
 icmp  VPN: public --> public  10.1.1.1:42230[1.1.1.254:2187] --> 1.1.1.1:2048
 icmp  VPN: public --> public  10.1.1.1:40694[1.1.1.254:2175] --> 1.1.1.1:2048
 icmp  VPN: public --> public  10.1.1.1:42998[1.1.1.254:2193] --> 1.1.1.1:2048
 icmp  VPN: public --> public  10.1.1.1:42742[1.1.1.254:2191] --> 1.1.1.1:2048
 icmp  VPN: public --> public  10.1.1.2:42486[1.1.1.254:2188] --> 1.1.1.1:2048
 icmp  VPN: public --> public  10.1.1.1:45302[1.1.1.254:2209] --> 1.1.1.1:2048
 icmp  VPN: public --> public  10.1.1.1:43510[1.1.1.254:2197] --> 1.1.1.1:2048
 icmp  VPN: public --> public  10.1.1.2:42230[1.1.1.254:2186] --> 1.1.1.1:2048
 icmp  VPN: public --> public  10.1.1.2:41974[1.1.1.254:2184] --> 1.1.1.1:2048
 icmp  VPN: public --> public  10.1.1.1:41974[1.1.1.254:2185] --> 1.1.1.1:2048
 icmp  VPN: public --> public  10.1.1.2:45046[1.1.1.254:2208] --> 1.1.1.1:2048
 icmp  VPN: public --> public  10.1.1.2:44790[1.1.1.254:2206] --> 1.1.1.1:2048
 icmp  VPN: public --> public  10.1.1.1:41462[1.1.1.254:2181] --> 1.1.1.1:2048
 icmp  VPN: public --> public  10.1.1.2:42742[1.1.1.254:2190] --> 1.1.1.1:2048
 icmp  VPN: public --> public  10.1.1.1:44278[1.1.1.254:2201] --> 1.1.1.1:2048
 icmp  VPN: public --> public  10.1.1.1:43254[1.1.1.254:2195] --> 1.1.1.1:2048
 ---- More ----
```

图 4-10 防火墙会话表

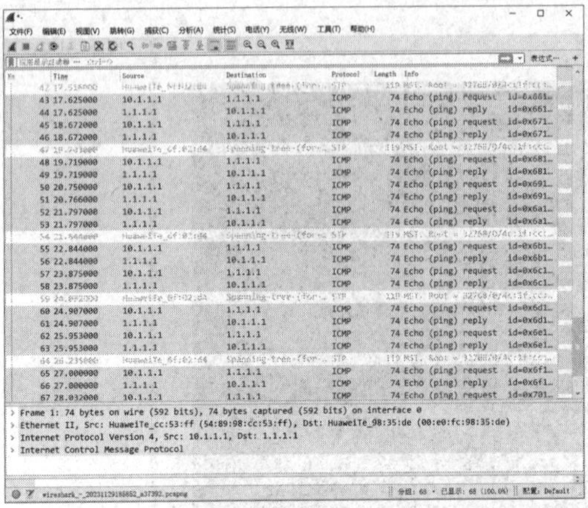

图 4-11　GE1/0/1 抓包 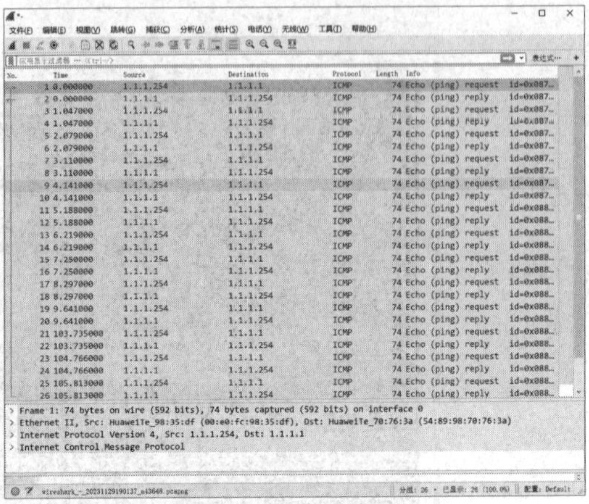　　　　　　　图 4-12　GE1/0/2 抓包

4.3　任务 2：用 No-PAT 方式访问外网

4.3.1　任务说明

　　本任务的网络拓扑如图 4-13 所示，对防火墙安全区域进行划分，GE 1/0/1 口划分为 Trust 区域，IP 基础信息是 10.1.1.254/24；GE 1/0/2 口划分为 Untrust 区域，IP 基础信息是 1.1.1.254/24；内网中的 3 台主机（PC1、PC2、PC3）模拟新部门员工 3 台计算机，Server1 模拟公网中的一台 Web 服务器。除了公网接口的 IP 地址外，公司还向 ISP 申请了 2 个 IP 地址（1.1.1.10~1.1.1.11）作为私网地址转换后的公网地址。内网中的 3 台

任务 2　用 No-PAT 方式访问外网

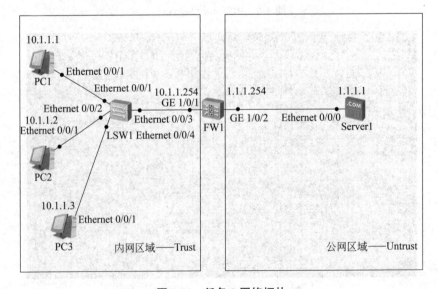

图 4-13　任务 2 网络拓扑

主机（PC1、PC2、PC3）采用 No-PAT 方式访问服务器 Server1。

注意：为了突出重点，这里简化网络拓扑，让防火墙的出口直连 Web 服务器，实际场景中防火墙出口需要根据运营商提供的接入网关接入公网。

4.3.2　任务实施过程

（1）配置 PC1 网络基本参数，如图 4-14 所示。

图 4-14　PC1 网络基本参数

（2）配置 PC2 网络基本参数，如图 4-15 所示。

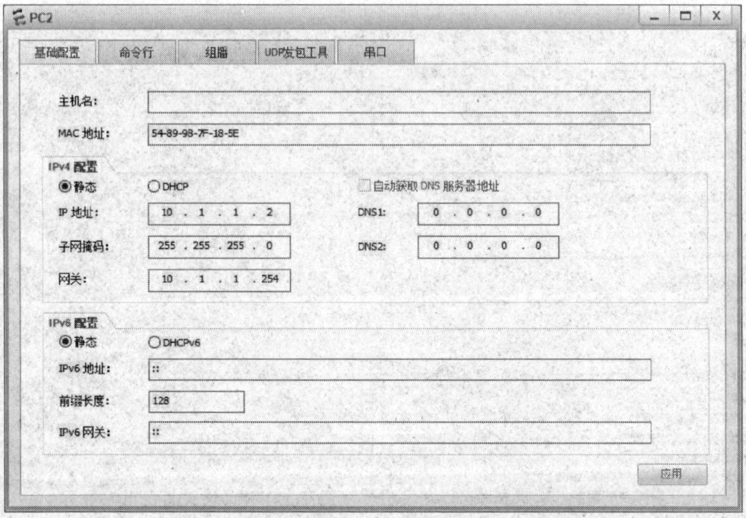

图 4-15　PC2 网络基本参数

（3）配置 Server1 网络基本参数，如图 4-16 所示。

图 4-16　Server1 网络基本参数

（4）配置防火墙相关端口网络基本参数，配置命令如下，配置结果如图 4-17 所示。

```
#
interface GigabitEthernet1/0/1
  undo shutdown
  ip address 10.1.1.254 255.255.255.0
#
interface GigabitEthernet1/0/2
  undo shutdown
  ip address 1.1.1.254 255.255.255.0
#
```

```
[FW1]dis ip int br
2022-09-27 12:46:59.360
*down: administratively down
^down: standby
(l): loopback
(s): spoofing
(d): Dampening Suppressed
(E): E-Trunk down
The number of interface that is UP in Physical is 4
The number of interface that is DOWN in Physical is 6
The number of interface that is UP in Protocol is 4
The number of interface that is DOWN in Protocol is 6

Interface                   IP Address/Mask      Physical   Protocol
GigabitEthernet0/0/0        192.168.0.1/24       down       down
GigabitEthernet1/0/0        unassigned           down       down
GigabitEthernet1/0/1        10.1.1.254/24        up         up
GigabitEthernet1/0/2        1.1.1.254/24         up         up
GigabitEthernet1/0/3        unassigned           down       down
GigabitEthernet1/0/4        unassigned           down       down
GigabitEthernet1/0/5        unassigned           down       down
GigabitEthernet1/0/6        unassigned           down       down
NULL0                       unassigned           up         up(s)
Virtual-if0                 unassigned           up         up(s)
```

图 4-17　防火墙相关端口网络基本参数

（5）防火墙安全区域划分，将 GE 1/0/1 口加入 Trust 区域，将 GE 1/0/2 口加入 Untrust

区域，配置命令如下，配置结果如图 4-18 所示。

```
#
firewall zone trust
  set priority 85
  add interface GigabitEthernet0/0/0
  add interface GigabitEthernet1/0/1
#
firewall zone untrust
  set priority 5
  add interface GigabitEthernet1/0/2
#
```

```
[FW1]dis zone
2022-09-27 12:57:28.270
local
 priority is 100
 interface of the zone is (0):
#
trust
 priority is 85
 interface of the zone is (2):
    GigabitEthernet0/0/0
    GigabitEthernet1/0/1
#
untrust
 priority is 5
 interface of the zone is (1):
    GigabitEthernet1/0/2
#
dmz
 priority is 50
 interface of the zone is (0):
#
```

图 4-18 防火墙安全区域划分

（6）配置安全策略，允许内网访问外网，策略配置命令如下。

```
#
security-policy
  rule name tru->untru
  source-zone trust
  destination-zone untrust
  source-address 10.1.1.0 mask 255.255.255.0
  action permit
#
```

（7）配置 NAT 地址池，配置时开启不允许端口地址转换，配置命令如下。

```
#
nat address-group group1 0
  mode no-pat global 或者（mode no-pat local）
  route enable
  section 0 1.1.1.10 1.1.1.11
#
```

（8）配置 No-PAT 方式的源 NAT 策略，使用上面步骤地址池中地址来访问外网，配置命令如下。

```
#
nat-policy
  rule name Tru->Untru
  source-zone trust
  destination-zone untrust
  source-address 10.1.1.0 mask 255.255.255.0
  action source-nat address-group group1
#
```

4.3.3　需求验证

（1）如图 4-19 所示，PC1 使用 ping -t 命令 ping Server1，访问成功。

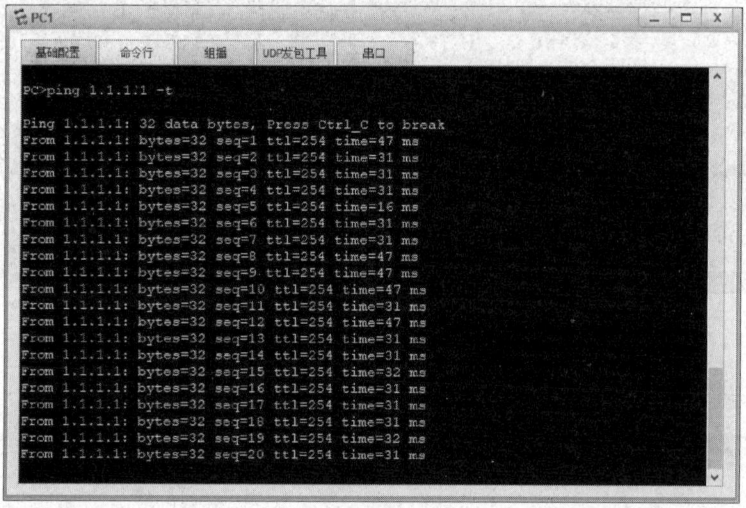

图 4-19　PC1 ping Server1

（2）如图 4-20 所示，PC2 使用 ping -t 命令 ping Server1，访问成功。

图 4-20　PC2 ping Server1

（3）如图 4-21 所示，查看防火墙会话表，可以看到 PC1 的 IP（10.1.1.1）和 PC2 的 IP（10.1.1.2）分别转换成了地址池中 IP（1.1.1.10，1.1.1.11），但是端口没有发生转换。

```
[FW1]dis firewall session table
2022-10-02 04:44:05.380
Current Total Sessions : 24
icmp  VPN: public --> public  10.1.1.2:57654[1.1.1.11:57654] --> 1.1.1.1:2048
icmp  VPN: public --> public  10.1.1.1:54070[1.1.1.10:54070] --> 1.1.1.1:2048
icmp  VPN: public --> public  10.1.1.1:55094[1.1.1.10:55094] --> 1.1.1.1:2048
icmp  VPN: public --> public  10.1.1.1:57142[1.1.1.10:57142] --> 1.1.1.1:2048
icmp  VPN: public --> public  10.1.1.1:55862[1.1.1.10:55862] --> 1.1.1.1:2048
icmp  VPN: public --> public  10.1.1.1:58678[1.1.1.10:58678] --> 1.1.1.1:2048
icmp  VPN: public --> public  10.1.1.1:57398[1.1.1.10:57398] --> 1.1.1.1:2048
icmp  VPN: public --> public  10.1.1.1:54326[1.1.1.10:54326] --> 1.1.1.1:2048
icmp  VPN: public --> public  10.1.1.1:56118[1.1.1.10:56118] --> 1.1.1.1:2048
icmp  VPN: public --> public  10.1.1.1:58166[1.1.1.10:58166] --> 1.1.1.1:2048
icmp  VPN: public --> public  10.1.1.2:58166[1.1.1.11:58166] --> 1.1.1.1:2048
icmp  VPN: public --> public  10.1.1.1:56374[1.1.1.10:56374] --> 1.1.1.1:2048
icmp  VPN: public --> public  10.1.1.2:58678[1.1.1.11:58678] --> 1.1.1.1:2048
icmp  VPN: public --> public  10.1.1.1:55606[1.1.1.10:55606] --> 1.1.1.1:2048
icmp  VPN: public --> public  10.1.1.1:57910[1.1.1.10:57910] --> 1.1.1.1:2048
icmp  VPN: public --> public  10.1.1.1:56886[1.1.1.10:56886] --> 1.1.1.1:2048
icmp  VPN: public --> public  10.1.1.1:54582[1.1.1.10:54582] --> 1.1.1.1:2048
icmp  VPN: public --> public  10.1.1.1:55350[1.1.1.10:55350] --> 1.1.1.1:2048
icmp  VPN: public --> public  10.1.1.2:57398[1.1.1.11:57398] --> 1.1.1.1:2048
icmp  VPN: public --> public  10.1.1.2:58422[1.1.1.11:58422] --> 1.1.1.1:2048
icmp  VPN: public --> public  10.1.1.1:54838[1.1.1.10:54838] --> 1.1.1.1:2048
icmp  VPN: public --> public  10.1.1.1:57654[1.1.1.10:57654] --> 1.1.1.1:2048
icmp  VPN: public --> public  10.1.1.1:58422[1.1.1.10:58422] --> 1.1.1.1:2048
```

图 4-21   防火墙会话表

（4）如图 4-22 所示，查看 server-map 表项信息，注意 No-PAT 的 server-map 表项产生需要有流量触发。当 No-PAT 配置参数是 local 时，server-map 表中含有安全区域参数。

```
[FW1]dis firewall server-map
2022-10-02 07:47:26.080
Current Total Server-map : 2
Type: No-Pat Reverse, ANY -> 1.1.1.10[10.1.1.1],  Zone: untrust
Protocol: ANY, TTL:---, Left-Time:---,  Pool: 0, Section: 0
Vpn: public

Type: No-Pat,  10.1.1.1[1.1.1.10] -> ANY,  Zone: untrust
Protocol: ANY, TTL:360, Left-Time:359,  Pool: 0, Section: 0
Vpn: public
```

图 4-22   server-map 表项信息（1）

（5）如图 4-23 所示，当 No-PAT 配置参数是 global 时，server-map 表中不含安全区域参数。

```
[FW1]dis firewall server-map
2022-10-02 04:36:26.230
Current Total Server-map : 2
Type: No-Pat Reverse, ANY -> 1.1.1.10[10.1.1.1],  Zone:---
Protocol: ANY, TTL:---, Left-Time:---,  Pool: 0, Section: 0
Vpn: public

Type: No-Pat,  10.1.1.1[1.1.1.10] -> ANY,  Zone:---
Protocol: ANY, TTL:360, Left-Time:360,  Pool: 0, Section: 0
Vpn: public
```

图 4-23   server-map 表项信息（2）

（6）如图 4-24 所示，用 PC3 ping Server1，发现不能 ping 通。

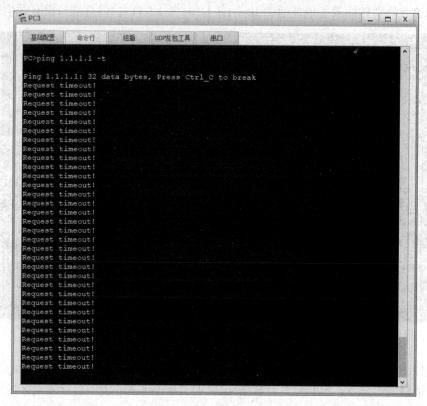

图 4-24　PC3 ping Server1

（7）如图 4-25 所示，分析丢包数据时，提示 No-PAT 分配 IP 地址失败，因为地址池中的两个地址已经被 PC1 和 PC2 占用。

```
[FW1]dis firewall statistics system discard
2022-10-02 07:27:00.410
 Discard statistic information:
                             Fib miss packets discarded: 3
              Recieve interface error packets discarded: 8
                            ARP miss packets discarded: 1
                         L3 mac error packets discarded: 3
                  L3 other eth type packets discarded: 116
                  L3 protocol down packets discarded: 1
               NOPAT allocate ip fail packets discarded: 95

[FW1]
```

图 4-25　分析丢包情况

4.4　任务 3：用 NAPT 方式访问外网

4.4.1　任务说明

本任务的网络拓扑如图 4-26 所示，对防火墙安全区域进行划分，GE 1/0/1 口划分为

Trust 区域，IP 基础信息是 10.1.1.254/24；GE 1/0/2 口划分为 Untrust 区域，IP 基础信息是 1.1.1.254/24；内网中的 2 台主机（PC1 和 PC2）模拟新部门员工 2 台计算机，Server1 模拟公网中的一台 Web 服务器。除了公网接口的 IP 地址外，公司还向 ISP 申请了 2 个 IP 地址（1.1.1.10~1.1.1.11）作为私网地址转换后的公网地址。内网中的 2 台主机（PC1 和 PC2）采用 NAPT 方式访问服务器 Server1。

任务 3　用 NAPT 方式访问外网

　　注意： 为了突出重点，这里简化网络拓扑，让防火墙的出口直连 Web 服务器，实际场景中防火墙出口需要根据运营商提供的接入网关接入公网。

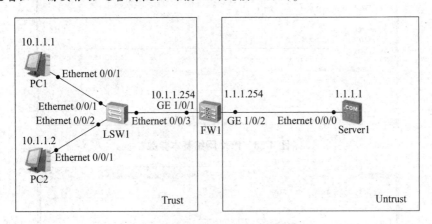

图 4-26　任务 3 网络拓扑

4.4.2　任务实施过程

（1）如图 4-27 所示，配置 PC1 网络基本参数。

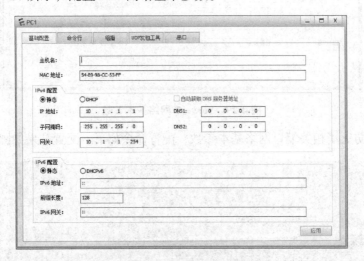

图 4-27　PC1 网络基本参数

（2）如图 4-28 所示，配置 PC2 网络基本参数。

（3）如图 4-29 所示，配置 Server1 网络基本参数。

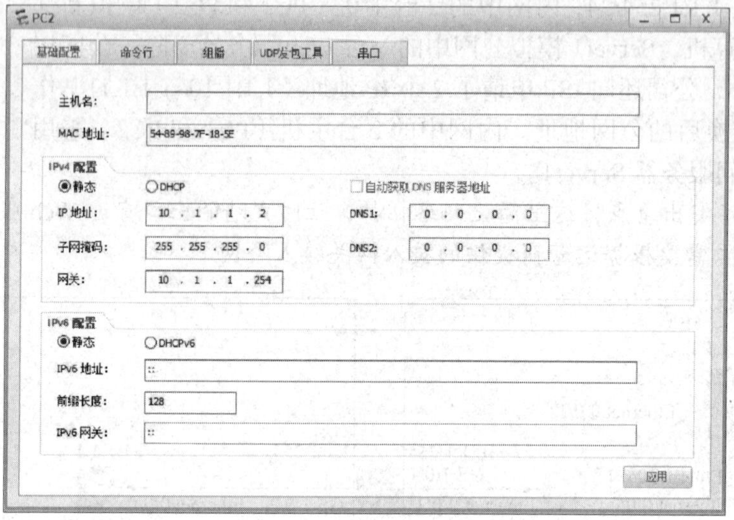

图 4-28　PC2 网络基本参数

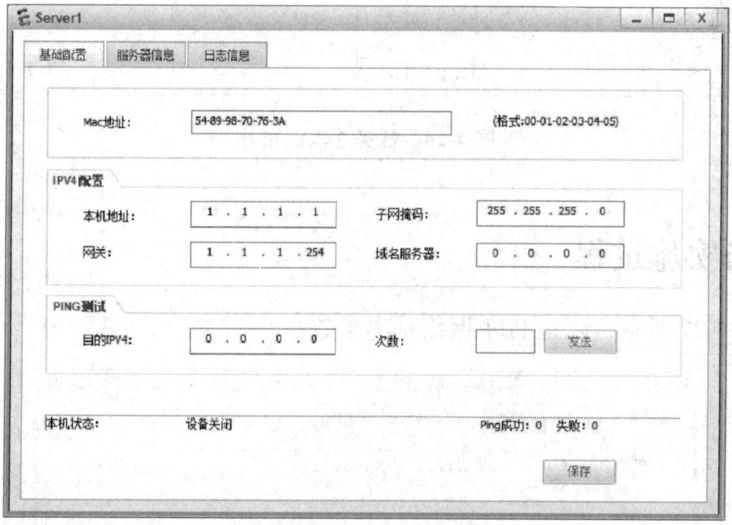

图 4-29　Server1 网络基本参数

（4）配置防火墙相关端口网络基本参数，配置命令如下，配置结果如图 4-30 所示。

```
#
interface GigabitEthernet1/0/1
  undo shutdown
  ip address 10.1.1.254 255.255.255.0
#
interface GigabitEthernet1/0/2
  undo shutdown
  ip address 1.1.1.254 255.255.255.0
#
```

图 4-30　防火墙相关端口网络基本参数

（5）防火墙安全区域划分，将 GE 1/0/1 口加入 Trust 区域，将 GE 1/0/2 口加入 Untrust 区域，配置命令如下，配置结果如图 4-31 所示。

```
#
firewall zone trust
  set priority 85
  add interface GigabitEthernet0/0/0
  add interface GigabitEthernet1/0/1
#
firewall zone untrust
  set priority 5
  add interface GigabitEthernet1/0/2
#
```

图 4-31　防火墙安全区域划分

（6）配置安全策略，允许内网访问外网，策略配置命令如下。

```
#
security-policy
  rule name tru->untru
  source-zone trust
  destination-zone untrust
  source-address 10.1.1.0 mask 255.255.255.0
  action permit
#
```

（7）配置 NAT 地址池，配置时开启允许端口地址转换，实现公网地址复用，配置命令如下。

```
#
nat address-group group1 0
  mode pat
  route enable
  section 0 1.1.1.10 1.1.1.11
#
```

（8）配置 NAPT 方式的源 NAT 策略，使用上面步骤地址池中地址来访问外网，配置命令如下。

```
#
nat-policy
  rule name Tru->Untru
  source-zone trust
  destination-zone untrust
  source-address 10.1.1.0 mask 255.255.255.0
  action source-nat address-group group1
#
```

4.4.3 需求验证

（1）如图 4-32 所示，PC1 使用 ping -t 命令 ping Server1，访问成功。

（2）如图 4-33 所示，PC2 使用 ping -t 命令 ping Server1，访问成功。

（3）如图 4-34 所示，查看防火墙会话表，可以看到 PC1 的 IP（10.1.1.1）和 PC2 的 IP（10.1.1.2）随机转换成了地址池中 IP（1.1.1.11），同时端口也发生了转换。

（4）为了更直观查看私网访问公网的源地址变化情况，停止 PC2 对 Server1 的访问，保留 PC1 对 Server1 的访问（也可以停止 PC1 对 Server1 的访问，保留 PC2 对 Server1 的访问）。使用 Wireshark 分别在 GE 1/0/1 口和 GE 1/0/2 口抓包，如图 4-35 和图 4-36 所示。可以看到 PC1 访问流量源地址由私网地址 10.1.1.1 转换成了地址池中的 IP 地址（1.1.1.11）。

图 4-32　PC1 ping Server1

图 4-33　PC2 ping Server1

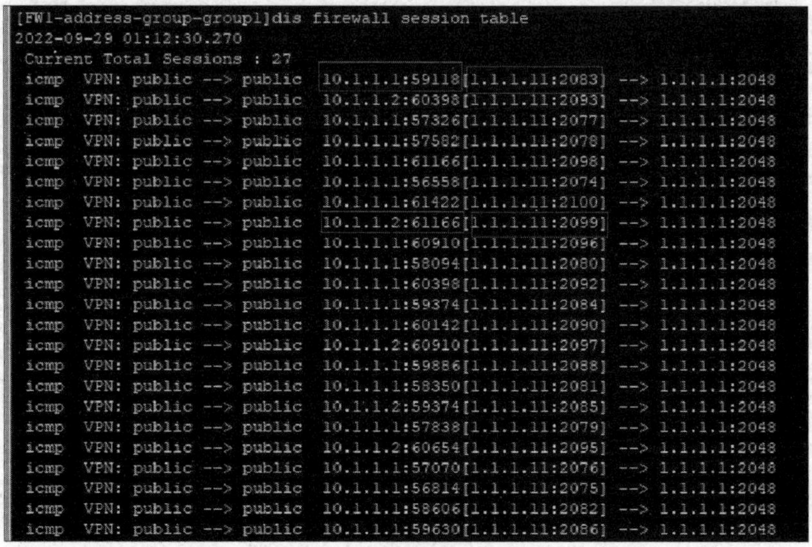

图 4-34　防火墙会话表

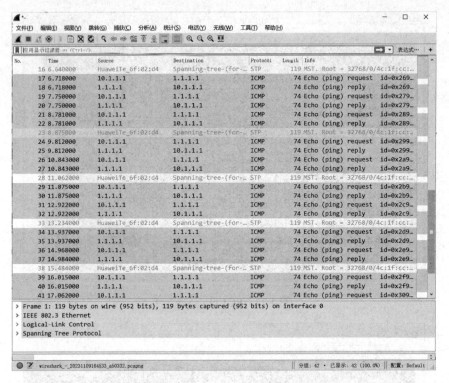

图 4-35 GE 1/0/1 抓包情况

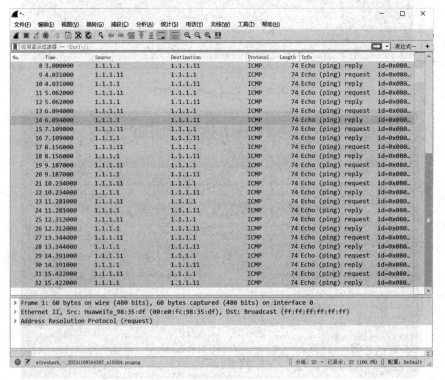

图 4-36 GE 1/0/2 抓包情况

4.5   任务 4：用 Smart NAT 方式访问外网

4.5.1   任务说明

本任务的网络拓扑如图 4-37 所示，对防火墙安全区域进行划分，GE 1/0/1 口划分为 Trust 区域，IP 基础信息是 10.1.1.254/24；GE 1/0/2 口划分为 Untrust 区域，IP 基础信息是 1.1.1.254/24；内网中的 5 台主机（PC1~PC5）模拟新部门员 5 台工计算机，Server1 模拟公网中的一台 Web 服务器。除了公网接口的 IP 地址外，公司还向 ISP 申请了 3 个 IP 地址（1.1.1.10~1.1.1.12）作为私网地址转换后的公网地址。内网中的所有主机（PC1~PC5）采用 Smart NAT 方式访问服务器 Server1。通常情况下，同一时刻需要访问 Internet 的私网用户数量很少，使用 No-PAT 方式即可。为了解决突发性私网用户数量增多的情况，预留一个公网 IP 地址（1.1.1.12）进行 NAPT 方式的地址转换。

任务 4   用 Smart NAT 方式访问外网

注意： 为了突出重点，这里简化网络拓扑，让防火墙的出口直连 Web 服务器，实际场景中防火墙出口需要根据运营商提供的接入网关接入公网。

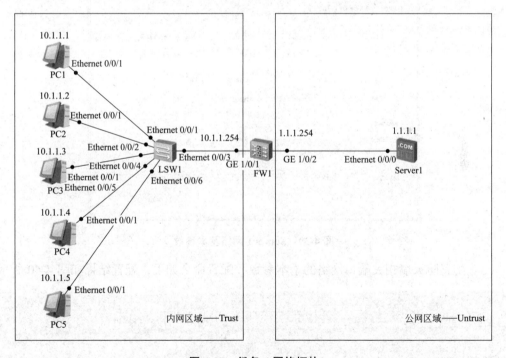

图 4-37   任务 4 网络拓扑

4.5.2   任务实施过程

（1）以 PC1 为例配置 PC1~PC5 网络基本参数，如图 4-38 所示。其余 PC 除了 IP 地址不同，其他配置与 PC1 一致，请自行配置。

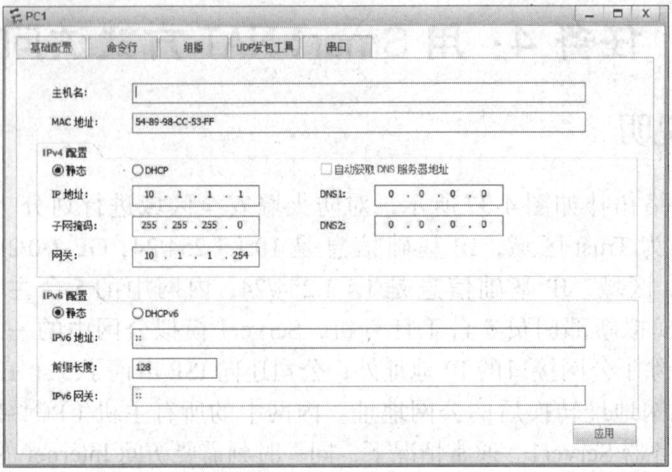

图 4-38　PC1 网络基本参数

（2）如图 4-39 所示，配置 Server1 网络基本参数。

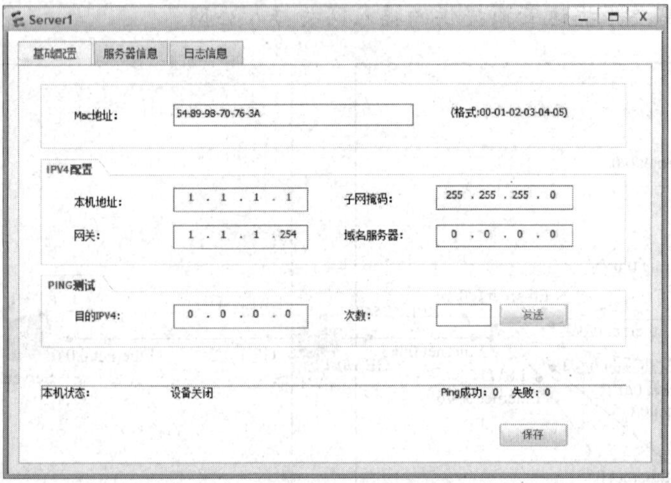

图 4-39　Server1 网络基本参数

（3）配置防火墙相关端口网络的基本参数，配置命令如下，配置结果如图 4-40 所示。

```
#
interface GigabitEthernet1/0/1
  undo shutdown
  ip address 10.1.1.254 255.255.255.0
#
interface GigabitEthernet1/0/2
  undo shutdown
  ip address 1.1.1.254 255.255.255.0
#
```

图 4-40　防火墙相关端口网络的基本参数

（4）防火墙安全区域划分，将 GE 1/0/1 口加入 Trust 区域，GE 1/0/2 口加入 Untrust 区域，配置命令如下，配置结果如图 4-41 所示。

```
#
firewall zone trust
  set priority 85
  add interface GigabitEthernet0/0/0
  add interface GigabitEthernet1/0/1
#
firewall zone untrust
  set priority 5
  add interface GigabitEthernet1/0/2
#
```

图 4-41　防火墙安全区域划分

（5）配置安全策略，允许内网访问外网，策略配置命令如下。

```
#
security-policy
  rule name tru->untru
  source-zone trust
  destination-zone untrust
  source-address 10.1.1.0 mask 255.255.255.0
  action permit
#
```

（6）配置 NAT 地址池，1.1.1.10~1.1.1.11 为 No-PAT 方式使用，1.1.1.12 为 NAPT 方式使用，配置命令如下。

```
#
nat address-group group1 0
  mode no-pat local
  route enable
  smart-nopat 1.1.1.12
  section 0 1.1.1.10 1.1.1.11
#
```

（7）配置 NAPT 方式的源 NAT 策略，使用上面步骤地址池中地址来访问外网，配置命令如下。

```
#
nat-policy
  rule name policy_nat1
  source-zone trust
  destination-zone untrust
  source-address 10.1.1.0 mask 255.255.255.0
  action source-nat address-group group1
#
```

4.5.3　需求验证

（1）PC1 使用 ping -t 命令 ping Server1，访问成功。

（2）PC2 使用 ping -t 命令 ping Server1，访问成功。

（3）如图 4-42 所示，查看防火墙会话表，可以看到 PC1 的 IP（10.1.1.1）和 PC2 的 IP（10.1.1.2）按照 No-PAT 模式分别转换成了地址池中 IP（1.1.1.10 和 1.1.1.11），端口没有发生变化。

（4）PC3~PC5 使用 ping -t 命令 ping Server1，均可访问成功。此时再次查看防火墙会话表，如图 4-43 所示。可以看到 PC1 的 IP（10.1.1.1）和 PC2 的 IP（10.1.1.2）按照

No-PAT 模式分别转换成了地址池中 IP（1.1.1.11 和 1.1.1.10），端口没有发生变化，如图中上面两个方框标识。由于 PC1 和 PC2 占据了地址池中设定的地址，PC3~PC5 地址只能采用 NAPT 方式转换成了 1.1.1.12，同时端口也发生了改变。

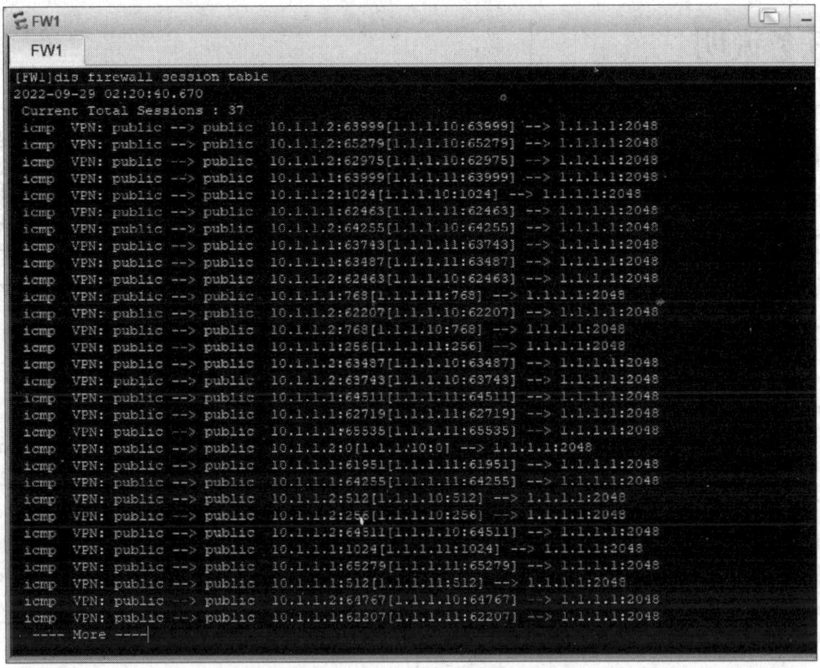

```
FW1
[FW1]dis firewall session table
2022-09-29 02:20:40.670
 Current Total Sessions : 37
 icmp  VPN: public --> public  10.1.1.2:63999[1.1.1.10:63999] --> 1.1.1.1:2048
 icmp  VPN: public --> public  10.1.1.2:65279[1.1.1.10:65279] --> 1.1.1.1:2048
 icmp  VPN: public --> public  10.1.1.2:62975[1.1.1.10:62975] --> 1.1.1.1:2048
 icmp  VPN: public --> public  10.1.1.1:63999[1.1.1.11:63999] --> 1.1.1.1:2048
 icmp  VPN: public --> public  10.1.1.2:1024[1.1.1.10:1024] --> 1.1.1.1:2048
 icmp  VPN: public --> public  10.1.1.1:62463[1.1.1.11:62463] --> 1.1.1.1:2048
 icmp  VPN: public --> public  10.1.1.2:64255[1.1.1.10:64255] --> 1.1.1.1:2048
 icmp  VPN: public --> public  10.1.1.1:63743[1.1.1.11:63743] --> 1.1.1.1:2048
 icmp  VPN: public --> public  10.1.1.1:63487[1.1.1.11:63487] --> 1.1.1.1:2048
 icmp  VPN: public --> public  10.1.1.2:62463[1.1.1.10:62463] --> 1.1.1.1:2048
 icmp  VPN: public --> public  10.1.1.1:768[1.1.1.11:768] --> 1.1.1.1:2048
 icmp  VPN: public --> public  10.1.1.2:62207[1.1.1.10:62207] --> 1.1.1.1:2048
 icmp  VPN: public --> public  10.1.1.2:768[1.1.1.10:768] --> 1.1.1.1:2048
 icmp  VPN: public --> public  10.1.1.1:256[1.1.1.11:256] --> 1.1.1.1:2048
 icmp  VPN: public --> public  10.1.1.2:63487[1.1.1.10:63487] --> 1.1.1.1:2048
 icmp  VPN: public --> public  10.1.1.2:63743[1.1.1.10:63743] --> 1.1.1.1:2048
 icmp  VPN: public --> public  10.1.1.1:64511[1.1.1.11:64511] --> 1.1.1.1:2048
 icmp  VPN: public --> public  10.1.1.1:62719[1.1.1.11:62719] --> 1.1.1.1:2048
 icmp  VPN: public --> public  10.1.1.1:65535[1.1.1.11:65535] --> 1.1.1.1:2048
 icmp  VPN: public --> public  10.1.1.2:0[1.1.1.10:0] --> 1.1.1.1:2048
 icmp  VPN: public --> public  10.1.1.1:61951[1.1.1.11:61951] --> 1.1.1.1:2048
 icmp  VPN: public --> public  10.1.1.1:64255[1.1.1.11:64255] --> 1.1.1.1:2048
 icmp  VPN: public --> public  10.1.1.2:512[1.1.1.10:512] --> 1.1.1.1:2048
 icmp  VPN: public --> public  10.1.1.2:256[1.1.1.10:256] --> 1.1.1.1:2048
 icmp  VPN: public --> public  10.1.1.2:64511[1.1.1.10:64511] --> 1.1.1.1:2048
 icmp  VPN: public --> public  10.1.1.1:1024[1.1.1.11:1024] --> 1.1.1.1:2048
 icmp  VPN: public --> public  10.1.1.1:65279[1.1.1.11:65279] --> 1.1.1.1:2048
 icmp  VPN: public --> public  10.1.1.1:512[1.1.1.11:512] --> 1.1.1.1:2048
 icmp  VPN: public --> public  10.1.1.2:64767[1.1.1.10:64767] --> 1.1.1.1:2048
 icmp  VPN: public --> public  10.1.1.1:62207[1.1.1.11:62207] --> 1.1.1.1:2048
  ---- More ----
```

图 4-42　防火墙会话表

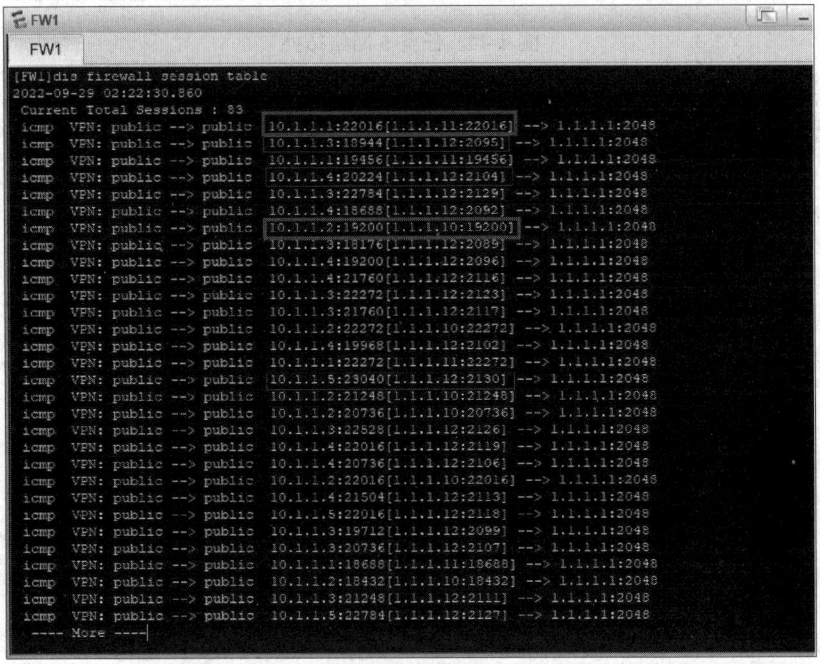

```
FW1
[FW1]dis firewall session table
2022-09-29 02:22:30.860
 Current Total Sessions : 83
 icmp  VPN: public --> public  10.1.1.1:22016[1.1.1.11:22016] --> 1.1.1.1:2048
 icmp  VPN: public --> public  10.1.1.3:18944[1.1.1.12:2095] --> 1.1.1.1:2048
 icmp  VPN: public --> public  10.1.1.1:19456[1.1.1.11:19456] --> 1.1.1.1:2048
 icmp  VPN: public --> public  10.1.1.4:20224[1.1.1.12:2104] --> 1.1.1.1:2048
 icmp  VPN: public --> public  10.1.1.3:22784[1.1.1.12:2129] --> 1.1.1.1:2048
 icmp  VPN: public --> public  10.1.1.4:18688[1.1.1.12:2092] --> 1.1.1.1:2048
 icmp  VPN: public --> public  10.1.1.2:19200[1.1.1.10:19200] --> 1.1.1.1:2048
 icmp  VPN: public --> public  10.1.1.3:18176[1.1.1.12:2089] --> 1.1.1.1:2048
 icmp  VPN: public --> public  10.1.1.4:19200[1.1.1.12:2096] --> 1.1.1.1:2048
 icmp  VPN: public --> public  10.1.1.4:21760[1.1.1.12:2116] --> 1.1.1.1:2048
 icmp  VPN: public --> public  10.1.1.3:22272[1.1.1.12:2123] --> 1.1.1.1:2048
 icmp  VPN: public --> public  10.1.1.3:21760[1.1.1.12:2117] --> 1.1.1.1:2048
 icmp  VPN: public --> public  10.1.1.2:22272[1.1.1.10:22272] --> 1.1.1.1:2048
 icmp  VPN: public --> public  10.1.1.4:19968[1.1.1.12:2102] --> 1.1.1.1:2048
 icmp  VPN: public --> public  10.1.1.1:22272[1.1.1.11:22272] --> 1.1.1.1:2048
 icmp  VPN: public --> public  10.1.1.5:23040[1.1.1.12:2130] --> 1.1.1.1:2048
 icmp  VPN: public --> public  10.1.1.2:21248[1.1.1.10:21248] --> 1.1.1.1:2048
 icmp  VPN: public --> public  10.1.1.2:20736[1.1.1.10:20736] --> 1.1.1.1:2048
 icmp  VPN: public --> public  10.1.1.3:22528[1.1.1.12:2126] --> 1.1.1.1:2048
 icmp  VPN: public --> public  10.1.1.4:22016[1.1.1.12:2119] --> 1.1.1.1:2048
 icmp  VPN: public --> public  10.1.1.4:20736[1.1.1.12:2106] --> 1.1.1.1:2048
 icmp  VPN: public --> public  10.1.1.2:22016[1.1.1.10:22016] --> 1.1.1.1:2048
 icmp  VPN: public --> public  10.1.1.4:21504[1.1.1.12:2113] --> 1.1.1.1:2048
 icmp  VPN: public --> public  10.1.1.5:22016[1.1.1.12:2118] --> 1.1.1.1:2048
 icmp  VPN: public --> public  10.1.1.3:19712[1.1.1.12:2099] --> 1.1.1.1:2048
 icmp  VPN: public --> public  10.1.1.3:20736[1.1.1.12:2107] --> 1.1.1.1:2048
 icmp  VPN: public --> public  10.1.1.1:18688[1.1.1.11:18688] --> 1.1.1.1:2048
 icmp  VPN: public --> public  10.1.1.2:18432[1.1.1.10:18432] --> 1.1.1.1:2048
 icmp  VPN: public --> public  10.1.1.3:21248[1.1.1.12:2111] --> 1.1.1.1:2048
 icmp  VPN: public --> public  10.1.1.5:22784[1.1.1.12:2127] --> 1.1.1.1:2048
  ---- More ----
```

图 4-43　防火墙会话表

4.6 任务 5：黑洞路由

4.6.1 任务说明

当公网 PC 无意或故意访问 NAT 地址池中配置的地址时，无论地址池地址与防火墙出接口地址是否在同一网段，都会产生多余报文消耗系统资源。本任务的网络拓扑图如图 4-44 所示，以 NAPT 方式为例验证黑洞路由的作用，地址池地址与防火墙出接口地址在同一网段。PC3 用于访问地址池地址，路由器模拟运营商网关连接公网。

任务 5　黑洞路由

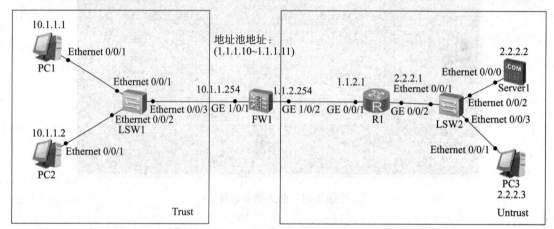

图 4-44　任务 5 网络拓扑

4.6.2 任务实施过程

（1）如图 4-45 所示，配置 PC1 网络基本参数。

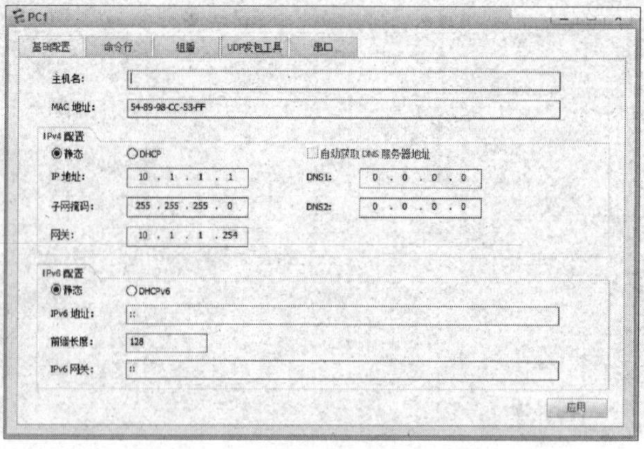

图 4-45　PC1 网络基本参数

（2）如图 4-46 所示，配置 PC2 网络基本参数。

图 4-46　PC2 网络基本参数

（3）如图 4-47 所示，配置 PC3 的网络参数。

图 4-47　PC3 的网络基本参数

（4）如图 4-48 所示，配置 Server1 网络基本参数。

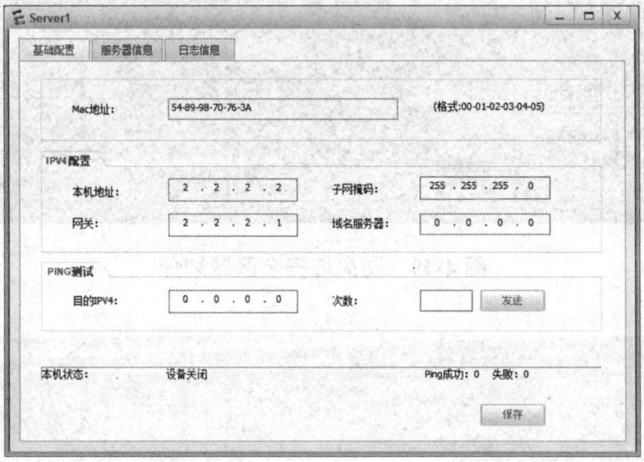

图 4-48　Server1 网络基本参数

（5）配置防火墙相关端口网络基本参数，配置命令如下。

```
#
interface GigabitEthernet1/0/1
  undo shutdown
  ip address 10.1.1.254 255.255.255.0
#
interface GigabitEthernet1/0/2
  undo shutdown
  ip address 1.1.2.254 255.255.255.0
#
```

（6）配置路由器基本网络参数，配置命令如下。

```
#
interface GigabitEthernet0/0/1
  undo shutdown
  ip address 1.1.2.1 255.255.255.0
#
interface GigabitEthernet0/0/2
  undo shutdown
  ip address 2.2.2.1 255.255.255.0
#
```

（7）防火墙安全区域划分，将 GE 1/0/1 口加入 Trust 区域，GE 1/0/2 口加入 Untrust 区域，配置命令如下，配置结果如图 4-49 所示。

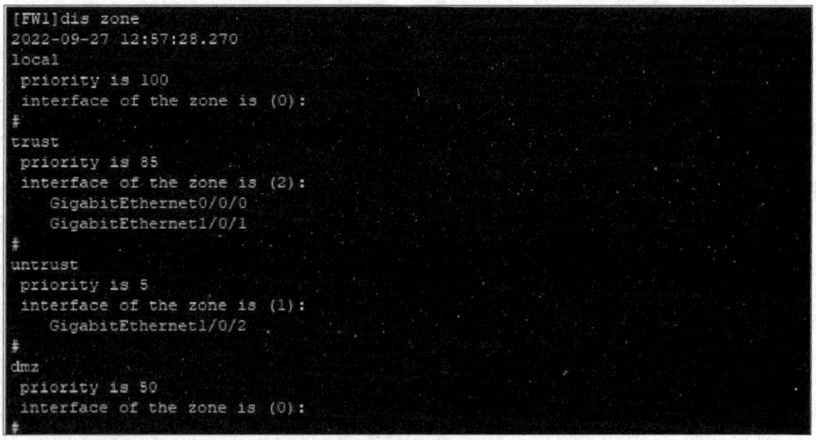

```
[FW1]dis zone
2022-09-27 12:57:28.270
local
 priority is 100
 interface of the zone is (0):
#
trust
 priority is 85
 interface of the zone is (2):
    GigabitEthernet0/0/0
    GigabitEthernet1/0/1
#
untrust
 priority is 5
 interface of the zone is (1):
    GigabitEthernet1/0/2
#
dmz
 priority is 50
 interface of the zone is (0):
#
```

图 4-49　防火墙安全区域划分

```
#
firewall zone trust
  set priority 85
  add interface GigabitEthernet0/0/0
```

```
  add interface GigabitEthernet1/0/1
#
firewall zone untrust
  set priority 5
  add interface GigabitEthernet1/0/2
#
```

（8）配置安全策略，允许内网访问外网，策略配置命令如下。

```
#
security-policy
  rule name tru->untru
  source-zone trust
  destination-zone untrust
  source-address 10.1.1.0 mask 255.255.255.0
  action permit
#
```

（9）配置 NAT 地址池，配置时开启允许端口地址转换，实现公网地址复用，配置命令如下。

```
#
nat address-group group1 0
  mode pat
  section 0 1.1.1.10 1.1.1.11
#
```

（10）配置 NAPT 方式的源 NAT 策略，使用上面步骤地址池中地址来访问外网，配置命令如下。

```
#
nat-policy
  rule name Tru->Untru
  source-zone trust
  destination-zone untrust
  source-address 10.1.1.0 mask 255.255.255.0
  action source-nat address-group group1
#
```

（11）在防火墙上配置静态路由，下一跳为路由器入口。

```
[FW1]ip route-static 0.0.0.0 0.0.0.0 1.1.2.1
```

（12）在路由器上配置静态路由，下一跳为防火墙出接口。

```
[Huawei]ip route-static 0.0.0.0 0.0.0.0 1.1.2.254
```

4.6.3　测试

为便于测试，1.1.1.10 启用黑洞路由，1.1.1.11 不启用黑洞路由，配置以下命令：

```
[FW] ip route-static 1.1.1.10 32 NULL 0
```

（1）如图 4-50 所示，用位于公网的 PC3 去 ping 1.1.1.11 -c 1，只发送一个 ping 包，在 GE 1/0/2 口抓包，如图 4-51 所示。

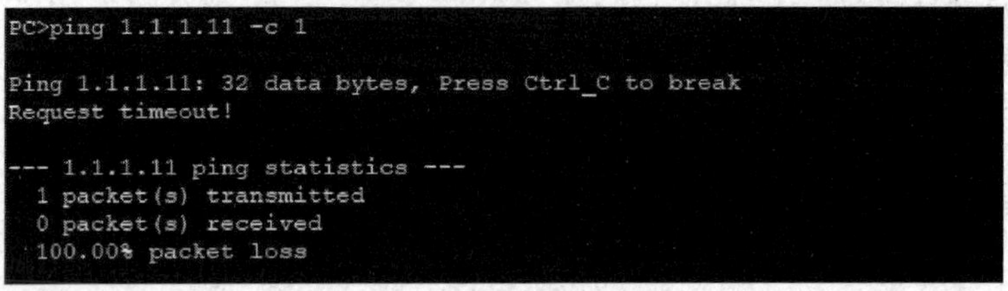

图 4-50　PC3 发送 ping 包

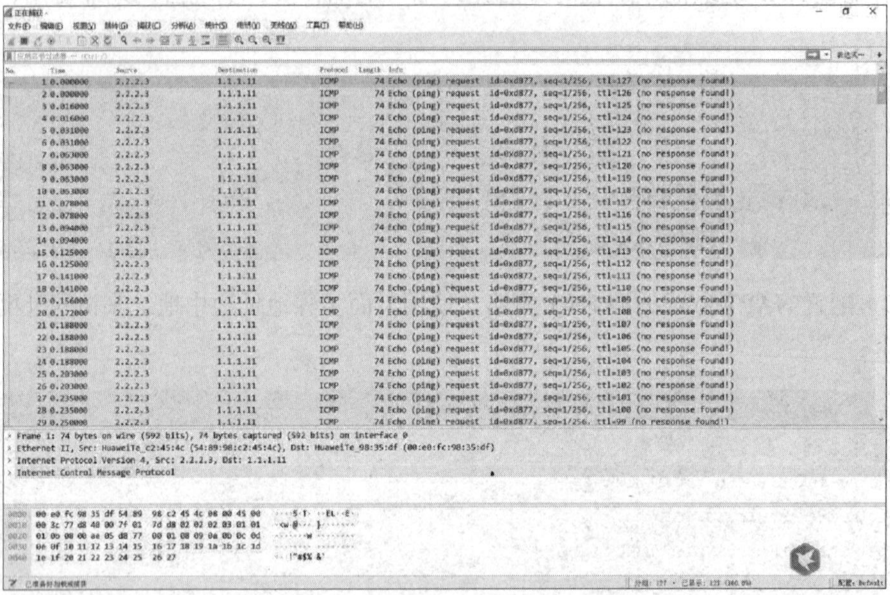

图 4-51　GE 1/0/2 抓包情况

发现报文的 TTL 值逐一递减，最后变为 1。TTL 是报文的生存时间，每经过一台设备的转发，TTL 的值减 1，当 TTL 的值为 0 时就会被设备丢弃。这说明公网 PC 主动访问 NAT 地址池地址的报文在防火墙和路由器之间相互转发，直到 TTL 变成 0 之后被最后收到该报文的设备丢弃，造成资源浪费。这是因为 1.1.1.11 没有配置黑洞路由，造成了路由环路。

（2）用位于公网的 PC3 去 ping 1.1.1.10 -c 1，只发送一个 ping 包，在 GE 1/0/2 口抓包，如图 4-52 所示。

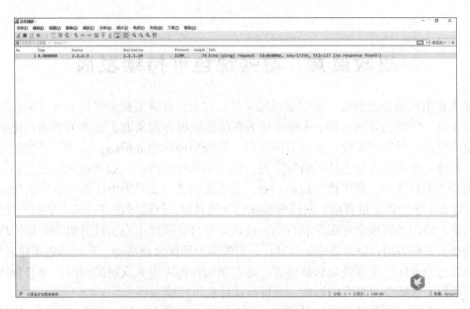

图 4-52　GE 1/0/2 抓包情况

没有出现以上多个 ping 包在防火墙和路由器之间转发的现象，这是因为 1.1.1.10 配置了黑洞路由，没有形成路由环路。

（3）测试结论。需要为两个地址均配置黑洞路由，命令如下：

```
[FW] ip route-static 1.1.1.10 32 NULL 0
[FW] ip route-static 1.1.1.11 32 NULL 0
```

习　　题

（1）简述源 NAT 的作用。

（2）简述几种源 NAT 策略的基本原理。

（3）说明以下 NAT 策略的含义。

```
#
nat-policy
  rule name Tru->Untru
  source-zone trust
  destination-zone untrust
  source-address 10.1.1.0 mask 255.255.255.0
  action source-nat address-group group1
#
```

（4）简述 NAT 下黑洞路由产生的背景，并说明如何配置黑洞路由。

思政聚焦：增强绿色可持续发展

绿水青山就是金山银山！加强绿色发展已经成为企业落实社会责任和可持续发展战略的重要举措。①绿色发展方面：多年来华为在绿色发展方面采取了一系列措施，比如，华为实施严格的环保管理制度，推行节能减排、资源循环利用等措施，减少对环境的污染和损害。另外，华为加大绿色技术研发力度，推出多款绿色产品，如智能光伏逆变器、智能汽车数据生态系统等，积极推广绿色科技。②生态合作方面：华为注重与合作伙伴的环保合作，整合上下游供应链资源，共同落实绿色发展目标，打造绿色可持续发展的产业生态。例如，华为致力于实现全球碳中和目标，已宣布在自有数据中心、计算机等领域实现碳中和。③社会责任方面：华为秉持社会责任，积极参与环保公益活动，开展绿色志愿者活动，以行动践行企业绿色发展理念和价值观。这些措施在保障企业发展的同时，也符合环保的要求，可以有效减少对环境的影响，并可推动绿色可持续发展。

新时代年轻人要秉持可持续发展的思维去思考、工作和生活。首先，培养可持续发展观念可以帮助我们树立正确的世界观、人生观和价值观。通过了解自然与社会的关系，重视环境保护、资源节约和公平正义等问题，从而形成良好的道德行为习惯和价值观。其次，树立可持续发展观念可以提高我们的责任感和使命感。面对环境和社会问题，年轻人有责任和义务承担起解决问题的责任，积极参与到环保、公益事业中去，努力为推动社会可持续发展作出自己的贡献。最后，树立可持续发展观念可以培养我们的创新能力和实践能力。在解决环境和社会问题的过程中，需要创新思考，并付诸实际行动，从而不断提升自己的综合素质和应对复杂挑战的能力。

项目 5　防火墙 NAT server 策略

如图 5-1 所示，CY 公司有一台 FTP 服务器和 HTTP 服务器。HTTP 服务器用来部署公司网站，要求能被所有外网用户访问。FTP 服务器用来存放一些项目文档，平常除了公司内部员工使用，临时授权给外网公司合作单位用户访问。同时，出于安全考虑，这两台服务器只能放在公司内网。项目经理安排小蔡部署防火墙来完成此任务，但是怎么让内网中的服务器能够被外网访问呢？小蔡经过了解，知道可以通过 NAT server 技术实现。

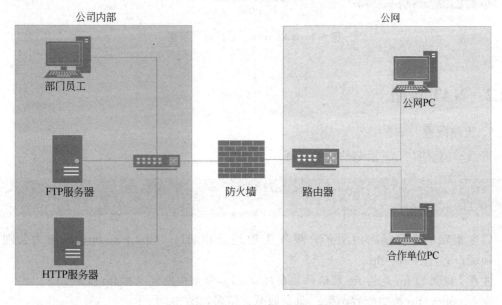

图 5-1　CY 公司网络拓扑示意图

5.1　知　识　引　入

5.1.1　NAT server 概述

常见场景中，由于处于公网的外部用户没有指向私网服务器地址的路由，因此公网用户无法正常访问处于私网内部的服务器（如 Web 服务器、FTP 服务器）。

NAT server 功能可以让内部服务器供外部网络访问。NAT server 功能就是使用一个公网地址和端口来代表内部服务器对外开放的地址和端口。外部网络的用户访问内部服务器时，NAT 将请求报文的目的地址转换成内部服务器的私有地址。对内部服务器回应报文而言，NAT 还会自动将回应报文的源地址（私网地址）转换成公网地址。

如图 5-2 所示场景中，公网用户通过对公网 IP（202.202.1.1）访问到内网服务器，在访问过程中目的 IP（202.202.1.1）被转换为内部 IP（192.168.1.1），从而实现公网到私网的访问。

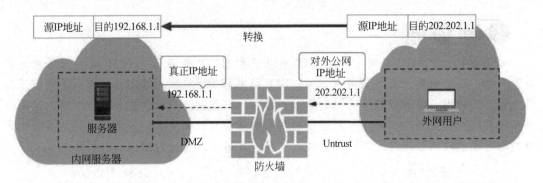

图 5-2　NAT server 功能场景示意

5.1.2　NAT 策略

1. 策略配置

下面举例说明 NAT 策略的配置原理。

```
[FW1] nat server policy_ftp protocol tcp global 1.1.1.10 ftp inside
10.2.1.2 ftp
```

以上策略的含义是将内网 FTP 服务器 IP 地址和端口（10.2.1.2：ftp）映射为公网 IP 地址和端口（1.1.1.10：ftp）。

注意：这里的 ftp 是指 ftp 默认的控制端口 21，命令中也可以把 ftp 改为 21。

查看 policy_ftp 策略配置结果，命令如下，结果如图 5-3 所示。

```
[FW1]dis nat server name policy_ftp
```

如果需要删除策略，则输入以下命令：

```
[FW1]undo nat server name policy_ftp
```

2. 生成 server-map 表

当在防火墙上配置 NAT server 后，在防火墙上会生成 server-map 表。默认生成两个 server-map 条目，分别是正向条目和反向条目。

```
[FW1]dis nat server name policy_ftp
2022-10-12 10:12:19.240
Server in private network information:
 Total   1 NAT server(s)
 server name  : policy_ftp
 id          : 1                        zone            : ---
 global-start-addr : 1.1.1.10           global-end-addr  : 1.1.1.10
 inside-start-addr : 10.2.1.2           inside-end-addr  : 10.2.1.2
 global-start-port : 21(ftp)            global-end-port  : 21
 inside-start-port : 21(ftp)            inside-end-port  : 21
 globalvpn    : public                  insidevpn       : public
 vsys         : public                  protocol        : tcp
 no-revers    : 0                       interface       : ---
 unr-route    : 0                       description     : ---
 nat-disable  : 0
```

图 5-3　policy_ftp 策略

正向条目：携带端口信息，用来使 Internet 用户访问内网中的服务器时直接通过 server-map 表来进行目标地址转换。

反向条目：不携带端口信息，且目标地址是任意的，用来使服务器可以访问 Internet。

图 5-4 是在防火墙上配置 NAT server 后生成的正向条目和反向条目的一个示例。

```
[FW1]dis firewall server-map
2022-12-20 23:52:03.870
 Current Total Server-map : 4
 Type: Nat Server,  ANY -> 1.1.1.10:21[10.2.1.2:21], Zone:---, protocol:tcp     正向
 Vpn: public -> public

 Type: Nat Server,  ANY -> 1.1.1.10:8080[10.2.1.1:80], Zone:---, protocol:tcp
 Vpn: public -> public

 Type: Nat Server Reverse, 10.2.1.2[1.1.1.10] -> ANY, Zone:---, protocol:tcp    反向
 Vpn: public -> public,  counter: 1

 Type: Nat Server Reverse, 10.2.1.1[1.1.1.10] -> ANY, Zone:---, protocol:tcp
 Vpn: public -> public,  counter: 1
```

图 5-4　正向条目和反向条目

注意：配置 NAT server 生成的 server-map 表仅仅是实现地址转换，不能像 ASPF 的 server-map 表项一样可以绕过安全策略检查，进行流量控制时还需要配置安全策略允许报文通过。

5.1.3　NAT ALG

1. 应用背景

通常情况下，NAT 只对报文中 IP 头部的地址信息和 TCP/UDP 头部的端口信息进行转换，不关注报文载荷的信息。但是对于一些特殊的协议（如 FTP），其报文载荷中也携带了地址或端口信息。报文载荷中的地址或端口信息往往是由通信的双方动态协商产生的，管理员并不能为其提前配置好相应的 NAT 规则。如果提供 NAT 功能的设备不能识别并转换这些信息，将会影响到这些协议的正常使用。

以 FTP 为例，在配置了 NAT 的环境中，FTP 控制层面的 TCP 连接 IP 和端口号是携

带在头部的，可以被 NAT 转换。控制层面在有 NAT 的环境下是可以进行连接的，然而，控制层面连接完成之后，进行文件传送之前要建立数据层面的连接。在 FTP 的主动模式下会由 client 一侧向 server 一侧发送端口消息，携带自己开放的数据层面连接端口号。但是数据层面的端口号是携带在报文载荷部分的，因此，NAT 只能转换头部信息，无法转换载荷信息。在存在 NAT 穿越的场景下，数据连接就无法建立。这时看到的情况就是 FTP 能够登录成功，但是无法显示服务器文件列表，也不能上传和下载文件，如图 5-5 所示。

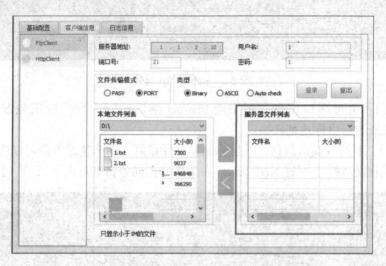

图 5-5　FTP 的主动模式

2. NAT ALG 概念

NAT 的 ALG（application level gateway，应用层网关）用于 NAT 场景下自动检测某些报文的应用层信息，根据应用层信息放开相应的访问规则（生成 server-map 表）并自动转换报文载荷中的 IP 地址和端口信息。

除 FTP 外，防火墙还支持对 DNS、H.323、ICQ、ILS、MMS、MSN、NETBIOS、PPTP、QQ、RSH、RTSP、SCCP、SIP 和 SQLNET 协议提供 NAT ALG 功能。

3. NAT ALG 和 ASPF

两者的差别如下。
- 开启 ASPF 功能的目的是识别多通道协议，并自动为其开放相应的安全策略。
- 开启 NAT ALG 功能的目的是识别多通道协议，并自动转换报文载荷中的 IP 地址和端口信息。

在防火墙配置中，二者使用相同的配置。如果开启一个功能，另一功能同时生效。以下示例是在 DMZ 和 Untrust 之间开启 FTP 的配置命令。

```
[FW] firewall interzone dmz untrust
[FW-interzone-dmz-untrust] detect ftp
[FW-interzone-dmz-untrust] quit
```

注意：在 NAT 场景中（源 NAT 和 NAT server），如果网络中存在类似 FTP 的多通道协议，在防火墙进行地址转换的场景中，一般都建议在防火墙上同时开启 NAT ALG 和 ASPF 功能，保证协议的正常运行。

5.2　任务 1：安全区域划分和网络基础配置

5.2.1　任务说明

本任务的网络拓扑如图 5-6 所示，对防火墙安全区域进行划分：GE 1/0/1 口划分为 Untrust 区域，IP 基础信息是 10.3.1.254/24；GE 1/0/2 口划分为 DMZ 区域，IP 基础信息是 10.2.1.254/24；公网用户和合作单位处于不同网段。公网用户用 PC（2.2.2.2/24）模拟，合作单位用户用（2.2.3.2/24）模拟。HTTP 服务器地址是 10.2.1.1/24，FTP 服务器地址是 10.2.1.2/24。防火墙与外网通过路由器连接。

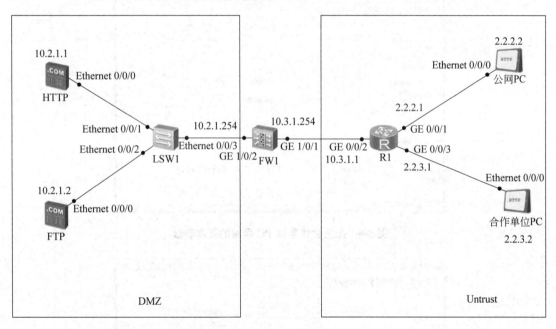

图 5-6　任务 1 网络拓扑

5.2.2　任务实施过程

（1）如图 5-7 所示，配置公网 PC 网络的基本参数。

（2）如图 5-8 所示，配置合作单位 PC 网络的基本参数。

（3）如图 5-9 所示，配置 HTTP 服务器网络的基本参数。

（4）如图 5-10 所示，配置 FTP 服务器网络的基本参数。

任务 1　安全区域划分和网络基础配置

图 5-7　配置公网 PC 网络的基本参数

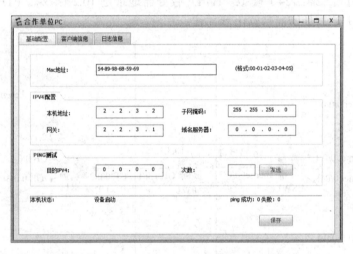

图 5-8　配置合作单位 PC 网络的基本参数

图 5-9　配置 HTTP 服务器网络的基本参数

图 5-10　配置 FTP 服务器网络的基本参数

（5）配置防火墙相关端口网络的基本参数，配置指命令如下，配置结果如图 5-11 所示。

```
#
interface GigabitEthernet1/0/1
  undo shutdown
  ip address 10.3.1.254 255.255.255.0
#
interface GigabitEthernet1/0/2
  undo shutdown
  ip address 10.2.1.254 255.255.255.0
#
```

```
[FW1]dis ip int br
2022-10-11 03:54:49.530
*down: administratively down
^down: standby
(l): loopback
(s): spoofing
(d): Dampening Suppressed
(E): E-Trunk down
The number of interface that is UP in Physical is 4
The number of interface that is DOWN in Physical is 6
The number of interface that is UP in Protocol is 4
The number of interface that is DOWN in Protocol is 6

Interface                    IP Address/Mask      Physical    Protocol
GigabitEthernet0/0/0         192.168.0.1/24       down        down
GigabitEthernet1/0/0         unassigned           down        down
GigabitEthernet1/0/1         10.3.1.254/24        up          up
GigabitEthernet1/0/2         10.2.1.254/24        up          up
GigabitEthernet1/0/3         unassigned           down        down
GigabitEthernet1/0/4         unassigned           down        down
GigabitEthernet1/0/5         unassigned           down        down
GigabitEthernet1/0/6         unassigned           down        down
NULL0                        unassigned           up          up(s)
Virtual-if0                  unassigned           up          up(s)
```

图 5-11　配置防火墙相关端口网络的基本参数

（6）防火墙安全区域划分，将 GE 1/0/1 口加入 Untrust 区域，GE 1/0/2 口加入 DMZ 区域，配置命令如下，配置结果如图 5-12 所示。

```
#
firewall zone untrust
   set priority 5
   add interface GigabitEthernet1/0/1
#
firewall zone dmz
   set priority 50
   add interface GigabitEthernet1/0/2
#
```

```
[FW1]dis zone
2022-10-21 07:27:33.530
local
 priority is 100
 interface of the zone is (0):
#
trust
 priority is 85
 interface of the zone is (1):
     GigabitEthernet0/0/0
#
untrust
 priority is 5
 interface of the zone is (1):
     GigabitEthernet1/0/1
#
dmz
 priority is 50
 interface of the zone is (1):
     GigabitEthernet1/0/2
#
```

图 5-12　防火墙安全区域划分

（7）配置路由器基本网络参数，配置命令如下，配置结果如图 5-13 所示。

```
[Huawei]int G0/0/1
[Huawei-GigabitEthernet0/0/1]ip address 2.2.2.1 24
[Huawei]int G0/0/2
[Huawei-GigabitEthernet0/0/2]ip address 10.3.1.1 24
[Huawei]int G0/0/3
[Huawei-GigabitEthernet0/0/3]ip address 2.2.3.1 24
```

```
GigabitEthernet0/0/1          2.2.2.1/24          up     up
GigabitEthernet0/0/2          10.3.1.1/24         up     up
GigabitEthernet0/0/3          2.2.3.1/24          up     up
```

图 5-13　配置路由器网络的基本参数

5.3　任务 2：防火墙策略配置

5.3.1　任务说明

根据案例场景中的需求，HTTP 服务器用来部署公司网站，要求能被所有外网用户访问。FTP 服务器用来存放一些项目文档，平常除了公司内部员工使用，临时授权给外网合作公司用户访问。分析此需求，需要定义3 条安全策略：第 1 条安全策略 A 用来放行外网用户访问 HTTP 服务器的流量，第 2 条安全策略 B 用来放行外网合作公司访问 FTP 服务器的流量，第 3 条安全策略 C 用来放行外网合作公司访问 HTTP 服务器的流量。

任务 2　防火墙策略配置

5.3.2　任务实施过程

（1）配置安全规则 1。该安全策略的作用是放行外网用户访问 HTTP 服务器的流量，配置命令如下。

```
#
  rule name policy1
  source-zone untrust
  destination-zone dmz
  source-address 2.2.2.0 mask 255.255.255.0
  destination-address 10.2.1.1 mask 255.255.255.255
  service http
  action permit
#
```

（2）配置安全规则 2。该安全策略的作用是放行外网合作公司访问 FTP 服务器的流量，配置命令如下。

```
#
  rule name policy2
  source-zone untrust
  destination-zone dmz
  source-address 2.2.3.0 mask 255.255.255.0
  destination-address 10.2.1.2 mask 255.255.255.255
  service ftp
  action permit
#
```

（3）配置安全规则 3。该安全策略的作用是放行外网合作公司访问 HTTP 服务器的流量，配置命令如下。

```
#
rule name policy3
source-zone untrust
destination-zone dmz
source-address 2.2.3.0 mask 255.255.255.0
destination-address 10.2.1.1 mask 255.255.255.255
service http
action permit
#
```

注意：因为防火墙首包报文检测处理顺序是目标地址转换→安全策略→源地址转换，所以在 NAT 环境中，安全策略的源地址应该是源地址转换之前的地址，目标地址应该是目标地址转换后的地址。

（4）配置完成的安全规则截图如图 5-14 所示。

```
[FW1]security-policy
[FW1-policy-security]dis th
2022-10-17 07:42:23.420
#
security-policy
 rule name policy1
  source-zone untrust
  destination-zone dmz
  source-address 2.2.2.0 mask 255.255.255.0
  destination-address 10.2.1.1 mask 255.255.255.255
  service http
  action permit
 rule name policy2
  source-zone untrust
  destination-zone dmz
  source-address 2.2.3.0 mask 255.255.255.0
  destination-address 10.2.1.2 mask 255.255.255.255
  service ftp
  action permit
 rule name policy3
  source-zone untrust
  destination-zone dmz
  source-address 2.2.3.0 mask 255.255.255.0
  destination-address 10.2.1.1 mask 255.255.255.255
  service http
  action permit
 #
```

图 5-14　安全规则

5.4　任务 3：NAT 策略配置

5.4.1　任务说明

根据案例场景中的需求，HTTP 服务器和 FTP 服务器都在公司内网，而访问者在公网。由于公网 IP 不能直接访问私网 IP，需要配置 NAT server 策略，将私网服务器的 IP 地址和端口映射为公网 IP 地址

任务 3　NAT 策略配置

和端口供外网用户访问。

5.4.2　任务实施过程

（1）将内网 HTTP 服务器 IP 地址和端口（10.2.1.1：www）映射为公网 IP 地址和端口（1.1.1.10：8080）。

```
[FW1] nat server policy_http protocol tcp global 1.1.1.10 8080 inside
10.2.1.1 www
```

（2）查看配置结果，如图 5-15 所示。

```
[FW1]dis nat server name policy_http
```

```
2022-10-12 10:06:35.980
Server in private network information:
  Total    1 NAT server(s)
 server name  : policy_http
 id           : 0                    zone            : ---
 global-start-addr : 1.1.1.10        global-end-addr : 1.1.1.10
 inside-start-addr : 10.2.1.1        inside-end-addr : 10.2.1.1
 global-start-port : 8080            global-end-port : 8080
 inside-start-port : 80(www)         inside-end-port : 80
 globalvpn    : public               insidevpn       : public
 vsys         : public               protocol        : tcp
 no-revers    : 0                    interface       : ---
 unr-route    : 0                    description     : ---
 nat-disable  : 0
```

图 5-15　配置结果

（3）将内网 FTP 服务器 IP 地址和端口（10.2.1.2：ftp）映射为公网 IP 地址和端口（1.1.1.10：ftp）。

```
[FW1] nat server policy_ftp protocol tcp global 1.1.1.10 ftp inside
10.2.1.2 ftp
```

如果配置错误，需要进行修改，请输入以下配置命令：

```
[FW1]undo nat server name policy_ftp
```

（4）查看配置结果，如图 5-16 所示。

```
[FW1]dis nat server name policy_ftp
```

（5）查看 NAT server 所有配置结果。配置命令如下，配置结果如图 5-17 所示，可以看到已经配置好的两条 NAT server 的映射关系。

```
[FW1]dis nat server
```

```
[FW1]dis nat server name policy_ftp
2022-10-12 10:12:19.240
Server in private network information:
 Total   1 NAT server(s)
 server name  : policy_ftp
 id              : 1                    zone           : ---
 global-start-addr : 1.1.1.10           global-end-addr   : 1.1.1.10
 inside-start-addr : 10.2.1.2           inside-end-addr   : 10.2.1.2
 global-start-port : 21(ftp)            global-end-port   : 21
 inside-start-port : 21(ftp)            inside-end-port   : 21
 globalvpn    : public                  insidevpn     : public
 vsys         : public                  protocol      : tcp
 no-revers    : 0                       interface     : ---
 unr-route    : 0                       description   : ---
 nat-disable  : 0
```

图 5-16　查看 policy_ftp

```
[FW1]dis nat server
2022-10-12 10:13:16.300
Server in private network information:
 Total   2 NAT server(s)
 server name  : policy_http
 id              : 0                    zone           : ---
 global-start-addr : 1.1.1.10           global-end-addr   : 1.1.1.10
 inside-start-addr : 10.2.1.1           inside-end-addr   : 10.2.1.1
 global-start-port : 8080               global-end-port   : 8080
 inside-start-port : 80(www)            inside-end-port   : 80
 globalvpn    : public                  insidevpn     : public
 vsys         : public                  protocol      : tcp
 no-revers    : 0                       interface     : ---
 unr-route    : 0                       description   : ---
 nat-disable  : 0

 server name  : policy_ftp
 id              : 1                    zone           : ---
 global-start-addr : 1.1.1.10           global-end-addr   : 1.1.1.10
 inside-start-addr : 10.2.1.2           inside-end-addr   : 10.2.1.2
 global-start-port : 21(ftp)            global-end-port   : 21
 inside-start-port : 21(ftp)            inside-end-port   : 21
 globalvpn    : public                  insidevpn     : public
 vsys         : public                  protocol      : tcp
 no-revers    : 0                       interface     : ---
 unr-route    : 0                       description   : ---
 nat-disable  : 0
```

图 5-17　NAT server 所有配置结果

（6）NAT server 配置完成后，会生成 server-map 表项。查看 server-map 表项，如图 5-18 所示。

```
[FW1]dis firewall server-map
2022-10-12 12:07:48.680
Current Total Server-map : 4
 Type: Nat Server,  ANY -> 1.1.1.10:21[10.2.1.2:21],  Zone:---,  protocol:tcp
 Vpn: public -> public

 Type: Nat Server,  ANY -> 1.1.1.10:8080[10.2.1.1:80],  Zone:---,  protocol:tcp
 Vpn: public -> public

 Type: Nat Server Reverse,  10.2.1.2[1.1.1.10] -> ANY,  Zone:---,  protocol:tcp
 Vpn: public -> public,  counter: 1

 Type: Nat Server Reverse,  10.2.1.1[1.1.1.10] -> ANY,  Zone:---,  protocol:tcp
 Vpn: public -> public,  counter: 1
```

图 5-18　server-map 表项

5.5 任务 4：NAT ALG、静态路由、黑洞路由配置

5.5.1 任务说明

以上步骤实现安全策略和 NAT 策略配置，但是目前的网络基础通信还需要保障，需要在防火墙和路由器配置静态路由，保证路由可达。同时，因为 FTP 是多通道协议，在访问时需要开启 NAT ALG 功能。为了防止形成环路，还需要配置黑洞路由。

任务 4 NAT ALG、静态路由、黑洞路由配置

5.5.2 任务实施过程

（1）在防火墙上配置静态路由，如图 5-19 所示。

```
[FW1]ip route-static 0.0.0.0 0.0.0.0 10.3.1.1
```

```
[FW1]dis cur | inc ip route
2022-10-07 02:54:59.040
ip route-static 0.0.0.0 0.0.0.0 10.3.1.1
```

图 5-19 防火墙静态路由

（2）在路由器上配置静态路由，如图 5-20 所示。

```
[FW1]ip route-static 0.0.0.0 0.0.0.0 10.3.1.254
```

```
[Huawei]dis cu | inc ip route
ip route-static 0.0.0.0 0.0.0.0 10.3.1.254
```

图 5-20 路由器静态路由

（3）在防火墙上开启 FTP 的 NAT ALG 功能的命令如下。

```
[FW] firewall interzone dmz untrust
[FW-interzone-dmz-untrust] detect ftp
[FW-interzone-dmz-untrust] quit
```

（4）黑洞路由配置命令如下。

```
[FW] ip route-static 1.1.1.10 32 NULL 0
```

5.6 任务 5：验证

5.6.1 任务说明

对以上步骤是否实现案例需求进行逐一验证。

任务 5 验证

5.6.2 任务实施过程

（1）如图 5-21 所示，用处于公网的 PC（2.2.2.2/24）去访问 HTTP 服务器，可以正常访问。

图 5-21 公网 PC 访问 HTTP 服务器

（2）如图 5-22 所示，用处于公网的 PC（2.2.2.2/24）去访问 FTP 服务器，不可以访问。

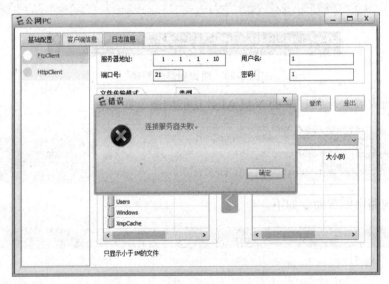

图 5-22 公网 PC 访问 FTP 服务器

（3）如图 5-23 和图 5-24 所示，合作单位 PC 可以正常访问 HTTP 服务器。

```
[FW1]dis firewall session table
```

图 5-23　合作单位 PC 访问 HTTP 服务器

```
[FW1]dis firewall session table
2022-10-12 12:46:58.490
 Current Total Sessions : 1
 http  VPN: public --> public  2.2.3.2:2062 --> 1.1.1.10:8080[10.2.1.1:80]
```

图 5-24　查看会话表简要信息

（4）在 GE 1/0/1 口抓包，如图 5-25 所示；在 GE 1/0/2 口抓包，如图 5-26 所示。两图对比可以看出 NAT server 策略生效前后 IP 及相关端口的变化，IP 及端口由 1.1.1.10:8080 映射为 10.2.1.1:80。

```
Wireshark · 分组 17 · -                                                    —   □   ×
> Frame 17: 60 bytes on wire (480 bits), 60 bytes captured (480 bits) on interface 0
> Ethernet II, Src: HuaweiTe_60:3d:1a (54:89:98:60:3d:1a), Dst: HuaweiTe_bf:42:46 (00:e0:fc:bf:42:46)
> Internet Protocol Version 4, Src: 2.2.2.3, Dst: 1.1.1.10
> Transmission Control Protocol, Src Port: 2053, Dst Port: 8080, Seq: 166, Ack: 302, Len: 0
```

图 5-25　GE 1/0/1 口抓包情况

```
Wireshark · 分组 21 · -                                                    —   □   ×
> Frame 21: 60 bytes on wire (480 bits), 60 bytes captured (480 bits) on interface 0
> Ethernet II, Src: HuaweiTe_bf:42:47 (00:e0:fc:bf:42:47), Dst: HuaweiTe_e4:62:3d (54:89:98:e4:62:3d)
> Internet Protocol Version 4, Src: 2.2.2.3, Dst: 10.2.1.1
> Transmission Control Protocol, Src Port: 2052, Dst Port: 80, Seq: 166, Ack: 302, Len: 0
```

图 5-26　GE 1/0/2 口抓包情况

（5）ASPF 功能会生成 server-map 表项，在老化时间内，该表项可以帮助 FTP 服务器发起的数据连接请求报文顺利穿越防火墙并生成会话，从而保障外网合作单位 PC 能正常访问 FTP 服务器。为了方便查看此过程，首先对当前的会话表进行清空。清空会话表的操作如图 5-27 所示。

```
[FW1]quit
<FW1>reset firewall session table
```

```
<FW1>reset firewall session table
Warning:Reseting session table will affect the system's normal service.
Continue? [Y/N]:Y
<FW1>sys
Enter system view, return user view with Ctrl+Z.
[FW1]dis fir
[FW1]dis firewall se
[FW1]dis firewall session t
[FW1]dis firewall session table
2022-10-12 12:43:32.190
 Current Total Sessions : 0
```

图 5-27 清空会话表

（6）合作单位 PC 能正常访问 FTP 服务器，如图 5-28 所示。

图 5-28 合作单位 PC 正常访问 FTP 服务器

（7）查看 server-map 表项，图 5-29 中方框所标注的便是配置了 ASPF 功能产生的 server-map 表项，其余的是 NAT server 配置产生的 server-map 表项。

（8）查看会话表，可以看到 FTP 的控制通道会话和数据通道会话均已经建立，如图 5-30 所示。

（9）设置公网 PC 参数，测试黑洞路由，对公网 IP（1.1.1.10）进行 ping 测试，只 ping 一次，如图 5-31 所示。

```
[FW1-interzone-dmz-untrust]dis firewall server-map
2022-10-13 04:40:32.840
 Current Total Server-map : 5
 Type: ASPF,   10.2.1.2[1.1.1.10] -> 2.2.3.2:2114,  Zone:---
 Protocol: tcp(Appro: ftp-data), Left-Time:00:00:10
 Vpn: public -> public

 Type: Nat Server,  ANY -> 1.1.1.10:21[10.2.1.2:21],  Zone:---,  protocol:tcp
 Vpn: public -> public

 Type: Nat Server,  ANY -> 1.1.1.10:8080[10.2.1.1:80],  Zone:---,  protocol:tcp
 Vpn: public -> public

 Type: Nat Server Reverse,  10.2.1.2[1.1.1.10] -> ANY,  Zone:---,  protocol:tcp
 Vpn: public -> public,  counter: 1

 Type: Nat Server Reverse,  10.2.1.1[1.1.1.10] -> ANY,  Zone:---,  protocol:tcp
 Vpn: public -> public,  counter: 1
```

图 5-29　server-map 表项

```
[FW1]dis firewall session table
2022-10-13 04:14:36.060
 Current Total Sessions : 2
 ftp-data  VPN: public --> public  2.2.3.2:2104 --> 1.1.1.10:2078[10.2.1.2:2078]
 ftp  VPN: public --> public  2.2.3.2:2103 +-> 1.1.1.10:21[10.2.1.2:21]
```

图 5-30　FTP 的控制通道会话和数据会话

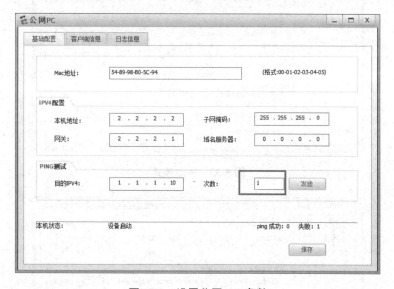

图 5-31　设置公网 PC 参数

（10）在 GE 1/0/1 口抓包，没有形成环路，这是因为配置了黑洞路由，如图 5-32 所示。

（11）为了更好地看到配置 ASPF 功能所带来的作用，将 ASPF 功能关闭如下：

```
[FW1]firewall interzone dmz untrust
[FW1-interzone-dmz-untrust]undo detect ftp
```

（12）以 FTP 主动模式进行测试，如图 5-33 所示。

可以看到虽然控制连接建立成功，却无法获取服务器文件列表，如图 5-34 所示。

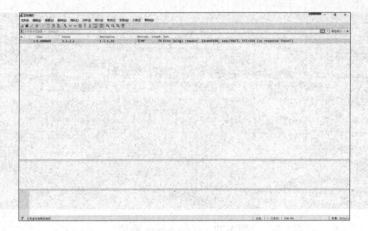

图 5-32　GE 1/0/1 口抓包

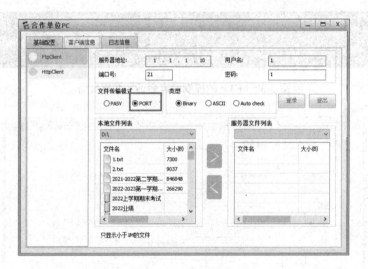

图 5-33　主动模式

图 5-34　无法获取服务器文件

（13）在 GE 1/0/1 抓包，可以看到建立数据连接失败的相关提示，如图 5-35 的方框所示。

图 5-35　GE 1/0/1 抓包情况

（14）此时查看 server-map 表项，也没有发现 ASPF 类型的 server-map 表项，如图 5-36 所示。

```
[FW1]dis firewall server-map
2022-10-12 13:34:04.360
 Current Total Server-map : 4
 Type: Nat Server,  ANY -> 1.1.1.10:21[10.2.1.2:21],  Zone:---,  protocol:tcp
 Vpn: public -> public

 Type: Nat Server,  ANY -> 1.1.1.10:8080[10.2.1.1:80],  Zone:---,  protocol:tcp
 Vpn: public -> public

 Type: Nat Server Reverse,  10.2.1.2[1.1.1.10] -> ANY,  Zone:---,  protocol:tcp
 Vpn: public -> public,  counter: 1

 Type: Nat Server Reverse,  10.2.1.1[1.1.1.10] -> ANY,  Zone:---,  protocol:tcp
 Vpn: public -> public,  counter: 1
```

图 5-36　缺少 ASPF 类型的 server-map 表项

（15）查看会话表，也没有生成数据通道建立的会话，如图 5-37 所示。

```
[FW1]dis firewall session table
2022-10-13 04:28:41.730
 Current Total Sessions : 1
 ftp  VPN: public --> public  2.2.3.2:2107 --> 1.1.1.10:21[10.2.1.2:21]
```

图 5-37　只产生了控制通道会话的会话表

习　题

（1）简述 NAT server 的作用。

（2）说明以下 NAT 策略的含义。

```
[FW1] nat server policy_http protocol tcp global 1.1.1.10 8080 inside
10.2.1.1 www
```

（3）在以上的项目中，出于安全考虑，将 FTP 控制端口对外映射修改为 2022。请修改配置并进行验证。配置命令提示：

```
[FW1] nat server policy_ftp protocol tcp global 1.1.1.10 2022 inside
10.2.1.2 ftp
```

思政聚焦：增强社会责任

华为一直重视社会责任，在数字领域推动数字共享和数字普惠方面也有很多举措。华为致力于为全球提供数字化服务。例如，通过在云计算、5G、人工智能等领域的投资和创新，使得数字化技术更便捷、可用性更高，从而帮助解决数字鸿沟问题。此外，华为也在推动数字共享方面发挥了积极作用。例如，华为与非洲各国合作，建设数字银行和移动支付平台，带领本地人民共享数字经济发展果实。同时，华为也对开源技术做出贡献，包括开放 Euler 和 MindSpore 等开源框架，以促进数字技术的共享与普及。

作为新时代年轻人，我们应该增强社会责任意识，因为我们是国家和社会的未来，承担着推动社会进步和发展的重任。此外，随着社会经济的快速发展，新问题和挑战不断涌现，需要年轻人积极关注和参与解决。同时，拥有更多的教育资源、信息渠道和先进科技，年轻人比以往任何时候都更加有能力为社会做出贡献。

项目6 双向 NAT

场景1：CY 公司内部有多台服务器，如文件服务器、邮件服务器、网站服务器等，这些服务器被划分在防火墙的 DMZ 区域。正常情况下，每台服务器都需要配置网关，以供有需要的用户对它们进行访问，如图 6-1 所示。

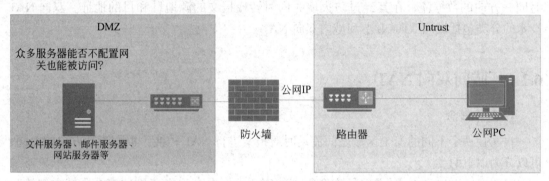

图 6-1　场景 1 示意图

场景2：小蔡在规划办公网络拓扑时，把部分部门员工跟公司网站服务器划分在了同一个安全区域。这样导致处于 Untrust 的公网用户访问该网站服务器时可以通过将网站域名解析为公网 IP（202.20.1.5）的方式正常进行访问，而跟服务器处于同一 DMZ 区域的部门员工只能通过服务器的私网 IP 对该服务器进行访问，如图 6-2 所示。

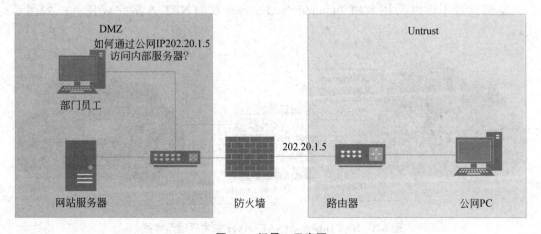

图 6-2　场景 2 示意图

场景 1 中，能否让服务器不配置网关也能被其他区域用户正常访问？

场景 2 中，私网地址不方便记忆，能否让处于 DMZ 区域的部门员工也能像外部用户一样通过网站域名解析为公网 IP 的方式访问公司内部的网站服务器？

项目经理安排小蔡来解决以上两个问题。小蔡思考了一下，采用双向 NAT 技术可以完成该任务。

6.1 知 识 引 入

任务需求可以通过配置"源 NAT+NAT server"的方式实现，此类 NAT 技术为双向 NAT。双向 NAT 指在转换过程中同时转换报文的源地址和目的地址。需要注意：双向 NAT 不是一个单独的功能，而是源 NAT 和 NAT server 的组合。并且双向 NAT 技术是针对同一方向的数据流，在其经过防火墙时同时转换报文的源地址和目的地址。双向 NAT 技术的分类包括域间双向 NAT 和域内双向 NAT。

6.1.1 域间双向 NAT

1. 基本概念

报文在两个不同的安全区域之间流动时对报文进行 NAT 转换，根据流动方向的不同，可以分为以下两类。

（1）NAT Inbound：报文由低安全级别的安全区域向高安全级别的安全区域方向流动时对报文进行的转换。

（2）NAT Outbound：报文由高安全级别的安全区域向低安全级别的安全区域方向流动时对报文进行的转换。

2. NAT Inbound+NAT server 技术原理

案例场景 1 可以采用 NAT Inbound+NAT server 双向 NAT 方案完成任务，如图 6-3 所示。

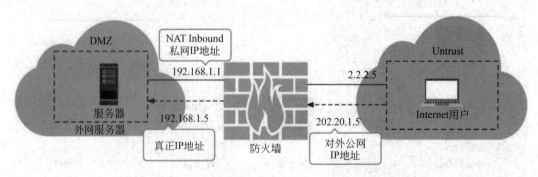

图 6-3　NAT Inbound+NAT server 技术原理示意图

通过图 6-3 分析报文的转换过程如下：公网用户（2.2.2.5）访问私网服务器的报文到达防火墙时，目的地址（202.20.1.5）经过 NAT server 转换为私网地址（192.168.1.5），然后源地址（2.2.2.5）经过 NAT Inbound 也转换为私网地址（192.168.1.1），和私网服务器属于同一网段，这样报文的源地址和目的地址就同时进行了转换，即完成了双向 NAT。当私网服务器的回应报文经过防火墙时，再次进行双向 NAT 转换，报文的源地址和目的地址均转换为公网地址。

私网服务器不用配置网关的原因是：源地址经过 NAT Inbound 转换后的地址与私网服务器在同一网段，当私网服务器回应公网用户的访问请求时，发现自己的地址和目的地址在同一网段。私网服务器便会发送 ARP 广播报文询问目的地址对应的 MAC 地址，然后防火墙便会将连接私网服务器的接口的 MAC 地址发给私网服务器，这样使私网服务器上省去了查找路由的环节，便不用在私网服务器上设置网关了。

某些应用场景如果有几十台甚至上百台服务器，采用这种方式可以省去配置或修改网关的时间，工作效率将会大大提升，同时也减少了因为网关变更造成的附加工作量。

6.1.2 域内双向 NAT

1. 基本概念

一般来说，报文在同一个安全区域之内流动时对报文进行 NAT 转换，域内 NAT 都会和 NAT server 配合使用，单独配置域内 NAT 的情况较少见。

当域内 NAT 和 NAT server 一起配合使用时，就实现了另外一种双向 NAT 技术。

2. 域内 NAT+NAT server 技术原理

案例场景 2 的主要问题在于：如果希望私网用户像公网用户一样通过公网 IP 地址访问私网服务器，就要在防火墙上配置 NAT server。但是仅仅配置 NAT server 会有问题，因为私网用户访问私网服务器的报文到达防火墙后进行目的地址转换。私网服务器回应报文时发现目的地址和自己的地址在同一网段，回应报文经交换机直接转发到私网用户，不会经过防火墙转发，这样便造成访问中断。

为解决以上问题，使私网服务器的回应报文也经过防火墙处理，就需要配置域内 NAT 将私网用户访问私网服务器的报文的源地址进行转换。转换后源地址可以是公网地址，也可以是私网地址，只要不和私网服务器的地址在同一网段即可，这样私网服务器的回应报文就会被发送到防火墙。相关示意图如图 6-4 所示。

通过图 6-4 分析报文的转换过程如下：内网用户（192.168.1.5）访问私网服务器的报文到达防火墙时，目的地址（202.202.1.1）经过 NAT server 转换为私网地址（192.168.1.1），然后源地址（192.168.1.5）经过 NAT Inbound 转换为和私网服务器属于不同网段的地址（202.202.1.5），这样报文的源地址和目的地址就同时进行了转换，即完成了双向 NAT。当外网服务器的回应报文经过防火墙时再次进行双向 NAT 转换，报文的源地址转为公网地址（202.202.1.1），目的地址转为私网地址（192.168.1.5）。

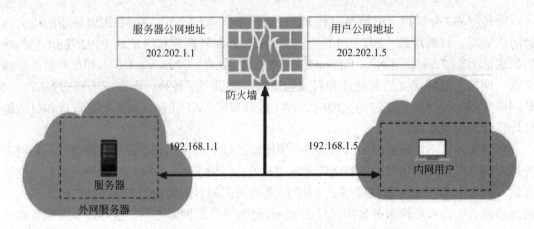

图 6-4 域内 NAT+NAT server 技术原理示意图

6.2 任务 1：域间双向 NAT（NAT inbound＋NAT server）

6.2.1 任务说明

如图 6-5 所示，某公司在网络边界处部署了防火墙 FW1 作为安全网关。为了使私网 Web 服务器和 FTP 服务器能够对外提供服务，需要在防火墙 FW1 上配置 NAT server 功能。除了公网接口的 IP 地址外，公司还向 ISP 运营商申请了一个 IP 地址（1.1.1.10）作为内网服务器对外提供服务的地址。同时，为了简化内部服务器的回程路由配置(FTP 服务器和 HTTP 服务器不用配置网关)，通过配置源 NAT 策略，使内部服务器默认将回应报文发给防火墙 FW1。路由器 R1 是 ISP 提供的接入网关，公网用户通过 NAPT 和 NAT server 访问内部服务器。

任务 1 域间双向 NAT（NAT Inbound+NAT server）

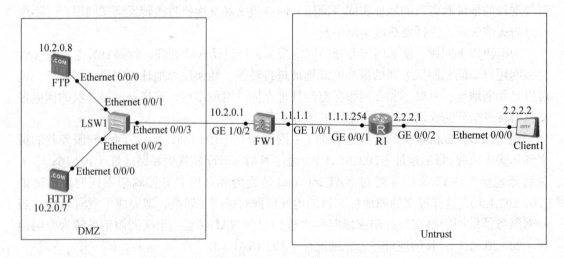

图 6-5 任务 1 网络拓扑

6.2.2 网络基本参数配置

（1）如图 6-6 所示，配置 FTP 服务器网络基本参数，不用配置网关。

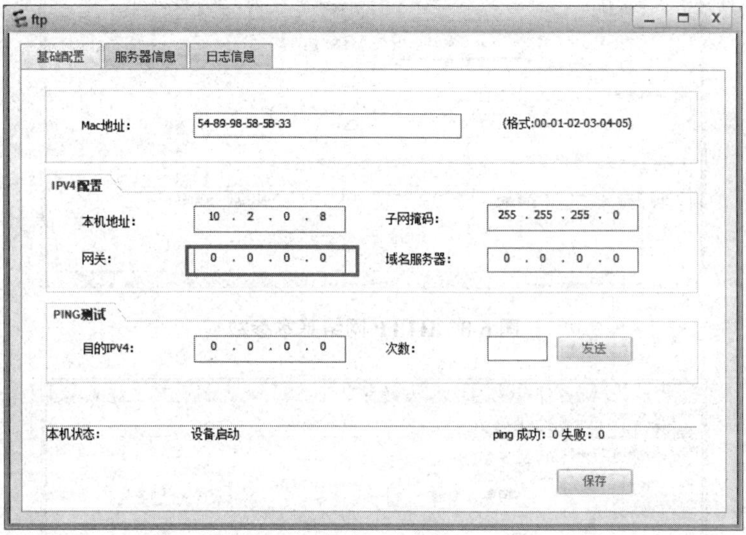

图 6-6 FTP 网络基本参数

（2）如图 6-7 所示，启动 FTP 服务器。

图 6-7 启动 FTP 服务器

（3）如图 6-8 所示，配置 HTTP 服务器网络基本参数，不用配置网关。

（4）如图 6-9 所示，启动 HTTP 服务器。

（5）如图 6-10 所示，配置公网用户 Client1 网络基本参数。

图 6-8　HTTP 网络基本参数

图 6-9　启动 HTTP 服务器

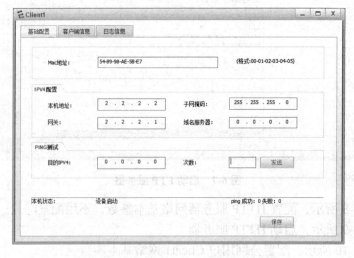

图 6-10　公网用户 Client1 网络基本参数

（6）如图 6-11 所示，配置路由器网络基本参数。

```
#
interface GigabitEthernet0/0/1
  ip address 1.1.1.254 255.255.255.0
#
interface GigabitEthernet0/0/2
  ip address 2.2.2.1 255.255.255.0
#
```

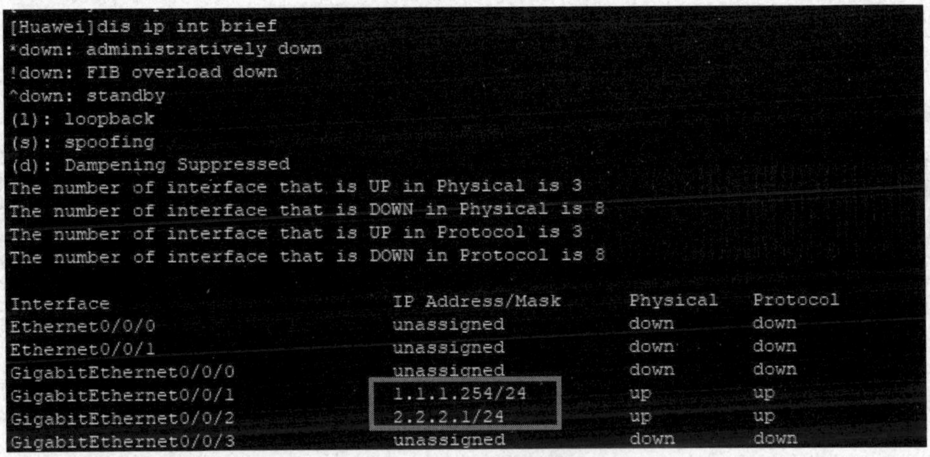

```
[Huawei]dis ip int brief
*down: administratively down
!down: FIB overload down
^down: standby
(l): loopback
(s): spoofing
(d): Dampening Suppressed
The number of interface that is UP in Physical is 3
The number of interface that is DOWN in Physical is 8
The number of interface that is UP in Protocol is 3
The number of interface that is DOWN in Protocol is 8

Interface                IP Address/Mask      Physical    Protocol
Ethernet0/0/0            unassigned           down        down
Ethernet0/0/1            unassigned           down        down
GigabitEthernet0/0/0     unassigned           down        down
GigabitEthernet0/0/1     1.1.1.254/24         up          up
GigabitEthernet0/0/2     2.2.2.1/24           up          up
GigabitEthernet0/0/3     unassigned           down        down
```

图 6-11　配置路由器网络基本参数

（7）配置防火墙相关端口网络基本参数，配置命令如下，配置结果如图 6-12 所示。

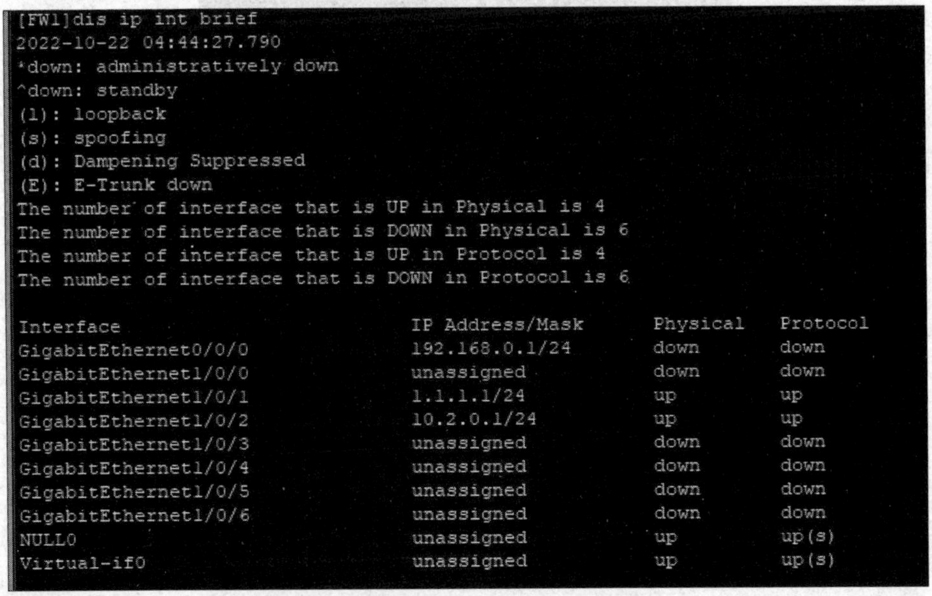

```
[FW1]dis ip int brief
2022-10-22 04:44:27.790
*down: administratively down
^down: standby
(l): loopback
(s): spoofing
(d): Dampening Suppressed
(E): E-Trunk down
The number of interface that is UP in Physical is 4
The number of interface that is DOWN in Physical is 6
The number of interface that is UP in Protocol is 4
The number of interface that is DOWN in Protocol is 6

Interface                IP Address/Mask      Physical    Protocol
GigabitEthernet0/0/0     192.168.0.1/24       down        down
GigabitEthernet1/0/0     unassigned           down        down
GigabitEthernet1/0/1     1.1.1.1/24           up          up
GigabitEthernet1/0/2     10.2.0.1/24          up          up
GigabitEthernet1/0/3     unassigned           down        down
GigabitEthernet1/0/4     unassigned           down        down
GigabitEthernet1/0/5     unassigned           down        down
GigabitEthernet1/0/6     unassigned           down        down
NULL0                    unassigned           up          up(s)
Virtual-if0              unassigned           up          up(s)
```

图 6-12　防火墙相关端口网络基本参数

```
#
interface GigabitEthernet1/0/1
  undo shutdown
  ip address 1.1.1.1 255.255.255.0
#
interface GigabitEthernet1/0/2
  undo shutdown
  ip address 10.2.0.1 255.255.255.0
#
```

（8）防火墙安全区域划分，将 GE 1/0/1 口加入 Untrust 区域，GE 1/0/2 口加入 DMZ 区域，配置命令如下，配置结果如图 6-13 所示。

```
#
firewall zone untrust
  set priority 5
  add interface GigabitEthernet1/0/1
#
firewall zone dmz
  set priority 50
  add interface GigabitEthernet1/0/2
#
```

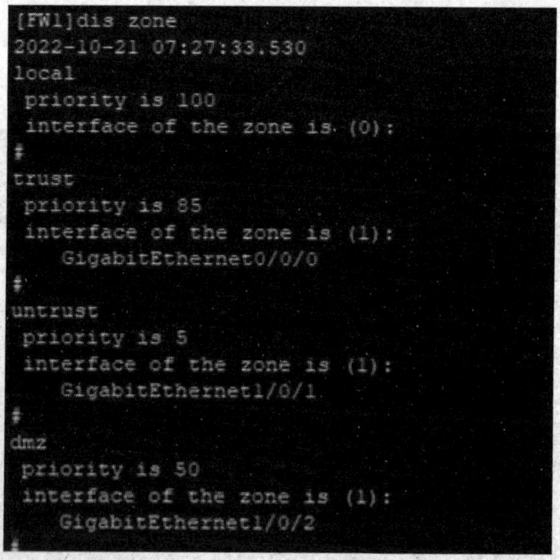

```
[FW1]dis zone
2022-10-21 07:27:33.530
local
 priority is 100
 interface of the zone is (0):
#
trust
 priority is 85
 interface of the zone is (1):
    GigabitEthernet0/0/0
#
untrust
 priority is 5
 interface of the zone is (1):
    GigabitEthernet1/0/1
#
dmz
 priority is 50
 interface of the zone is (1):
    GigabitEthernet1/0/2
#
```

图 6-13 防火墙安全区域划分

6.2.3 NAT 策略配置

（1）NAT server 配置。将私网服务器地址和端口映射为公网地址和端口，配置后查看映射关系，如图 6-14 所示。

```
#
  nat server policy_web protocol tcp global 1.1.1.10 8080 inside
  10.2.0.7 www
  nat server policy_ftp protocol tcp global 1.1.1.10 ftp inside 10.2.0.8
  ftp
#
```

```
[FW1]dis nat server
2022-10-23 01:02:04.010
Server in private network information:
  Total   2 NAT server(s)
 server name   : policy_web
 id            : 0                zone             : ---
 global-start-addr : 1.1.1.10     global-end-addr  : 1.1.1.10
 inside-start-addr : 10.2.0.7     inside-end-addr  : 10.2.0.7
 global-start-port : 8080         global-end-port  : 8080
 inside-start-port : 80(www)      inside-end-port  : 80
 globalvpn     : public           insidevpn        : public
 vsys          : public           protocol         : tcp
 no-revers     : 0                interface        : ---
 unr-route     : 0                description      : ---
 nat-disable   : 0

 server name   : policy_ftp
 id            : 1                zone             : ---
 global-start-addr : 1.1.1.10     global-end-addr  : 1.1.1.10
 inside-start-addr : 10.2.0.8     inside-end-addr  : 10.2.0.8
 global-start-port : 21(ftp)      global-end-port  : 21
 inside-start-port : 21(ftp)      inside-end-port  : 21
 globalvpn     : public           insidevpn        : public
 vsys          : public           protocol         : tcp
 no-revers     : 0                interface        : ---
 unr-route     : 0                description      : ---
 nat-disable   : 0
```

图 6-14　映射关系

（2）查看生成的 server-map 表，如图 6-15 所示。

```
[FW1]dis firewall server-map
2022-10-23 01:03:34.750
 Current Total Server-map : 4
 Type: Nat Server,  ANY -> 1.1.1.10:21[10.2.0.8:21], Zone:---, protocol:tcp
 Vpn: public -> public

 Type: Nat Server,  ANY -> 1.1.1.10:8080[10.2.0.7:80], Zone:---, protocol:tcp
 Vpn: public -> public

 Type: Nat Server Reverse, 10.2.0.8[1.1.1.10] -> ANY, Zone:---, protocol:tcp
 Vpn: public -> public,  counter: 1

 Type: Nat Server Reverse, 10.2.0.7[1.1.1.10] -> ANY, Zone:---, protocol:tcp
 Vpn: public -> public,  counter: 1
```

图 6-15　server-map 表

（3）用于 NAPT 策略的地址池配置，配置结果如图 6-16 所示。

```
#
nat address-group addressgroup1 0
  mode pat
  route enable
  section 0 10.2.0.10 10.2.0.15
#
```

```
[FW1]dis nat address-group
2022-10-23 01:04:20.960
NAT address-group information:
  Total 1 address-group(s)
nat address-group addressgroup1 0
 reference count: 1
 mode pat
 status active
 route enable
 section 0 10.2.0.10 10.2.0.15
```

图 6-16　地址池配置

（4）源 NAT 配置。

```
#
nat-policy
  rule name policy_nat1
  source-zone untrust
  destination-zone dmz
  source-address 2.2.2.0 mask 255.255.255.0
  destination-address range 10.2.0.7 10.2.0.8
  service ftp
  service http
  action source-nat address-group addressgroup1
#
```

注意：因为防火墙首包会话建立过程是先进行 NAT server 转换，然后匹配安全策略，再进行源 NAT 转换，所以这里的目的地址（10.2.0.7、10.2.0.8）是进行 NAT server 转换后的地址。查看源 NAT 策略，如图 6-17 所示。

```
[FW1-policy-nat-rule-policy_nat1]dis th
2022-10-23 00:58:39.780
#
 rule name policy_nat1
  source-zone untrust
  destination-zone dmz
  source-address 2.2.2.0 mask 255.255.255.0
  destination-address range 10.2.0.7 10.2.0.8
  service ftp
  service http
  action source-nat address-group addressgroup1
#
```

图 6-17　源 NAT 策略

6.2.4 安全策略配置

配置以下防火墙安全策略,放行公网用户去往私网服务器的流量,配置结果如图 6-18 所示。

```
#
  rule name policy1
  source-zone untrust
  destination-zone dmz
  source-address 2.2.2.0 mask 255.255.255.0
  destination-address 10.2.0.0 mask 255.255.255.0
  service ftp
  service http
  action permit
#
```

注意:源 IP 是转换之前的 IP,目的 IP 是转换之后的 IP。因为防火墙首包会话建立过程是先进行 NAT server 转换,再匹配安全策略,最后进行源 NAT 转换。查看安全策略截图,如图 6-18 所示。

```
[FW1-policy-security]dis th
2022-10-23 01:36:46.340
#
security-policy
 rule name policy1
  source-zone untrust
  destination-zone dmz
  source-address 2.2.2.0 mask 255.255.255.0
  destination-address 10.2.0.0 mask 255.255.255.0
  service ftp
  service http
  action permit
#
```

图 6-18 防火墙安全策略

6.2.5 其他关键配置

(1)在路由器上配置静态路由,保障公网链路可达。

```
ip route-static 0.0.0.0 0.0.0.0 1.1.1.1
```

(2)在防火墙上配置静态路由,保障公网链路可达。

```
ip route-static 0.0.0.0 0.0.0.0 1.1.1.254
```

(3)在防火墙上配置去往 1.1.1.10 的黑洞路由,源 NAT 的黑洞路由已经在地址池通过 route enable 命令进行配置。

```
ip route-static 1.1.1.10 255.255.255.255 NULL0
```

（4）FTP 是多通道协议，需要同时开启 NAT ALG 和 ASPF 功能。

```
[FW1]firewall interzone untrust dmz
[FW1-interzone-dmz-untrust]detect ftp
```

命令配置结果如图 6-19 所示。

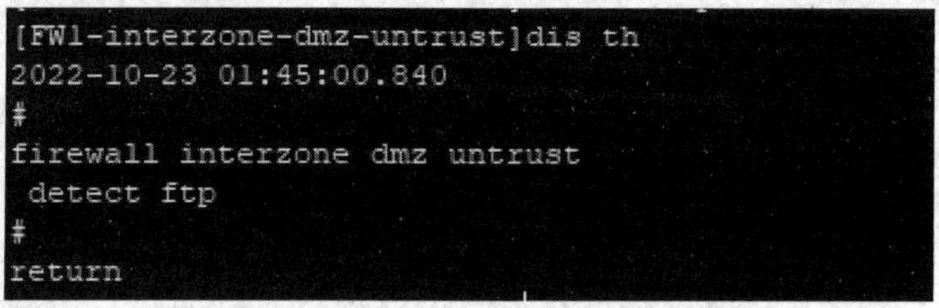

```
[FW1-interzone-dmz-untrust]dis th
2022-10-23 01:45:00.840
#
firewall interzone dmz untrust
 detect ftp
#
return
```

图 6-19 开启 NAT ALG 和 ASPF 功能

6.2.6 验证

（1）如图 6-20 所示，清空会话表，并查看会话表清零。

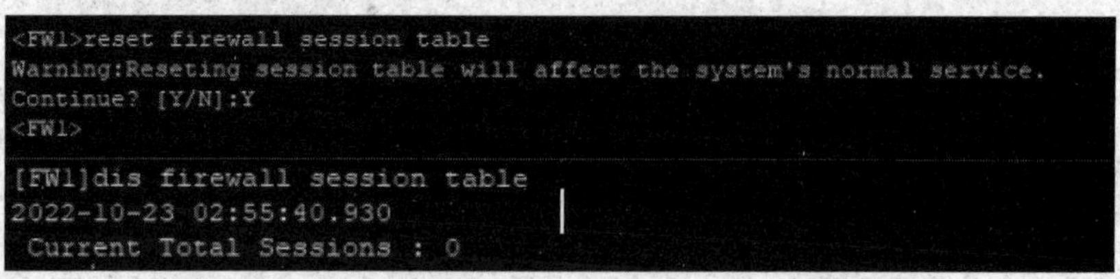

```
<FW1>reset firewall session table
Warning:Reseting session table will affect the system's normal service.
Continue? [Y/N]:Y
<FW1>

[FW1]dis firewall session table
2022-10-23 02:55:40.930
 Current Total Sessions : 0
```

图 6-20 清空会话表

（2）如图 6-21 所示，通过 Client1 访问 FTP 服务器，文件传输模式为被动模式。查看会话表，如图 6-22 所示。

```
[FW1]dis firewall session table
```

可以看出，FTP 控制连接和数据连接的两条会话如图 6-22 所示，源地址和目的地址都按照之前配置好的相关 NAT 策略规则发生了转化。

（3）如图 6-23 所示，通过 Client1 访问 HTTP 服务器。

（4）如图 6-24 所示，查看会话表，命令如下：

```
[FW1]dis firewall session table
```

可以看出，源地址和目的地址都发生了转换。

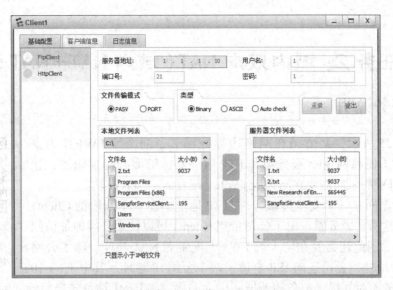

图 6-21　通过 Client1 访问 FTP 服务器

```
[FW1]dis firewall session table
2022-10-23 01:49:31.850
 Current Total Sessions : 2.
 ftp  VPN: public --> public  2.2.2.2:2082[10.2.0.10:2061] +-> 1.1.1.10:21[10.2.
0.8:21]
 ftp-data  VPN: public --> public  2.2.2.2:2083[10.2.0.10:2083] --> 1.1.1.10:206
0[10.2.0.8:2060]
```

图 6-22　查看会话表 1

图 6-23　通过 Client1 访问 HTTP 服务器

```
http  VPN: public --> public  2.2.2.2:2084[10.2.0.10:2053] --> 1.1.1.10:8080[10
.2.0.7:80]
```

图 6-24　查看会话表 2

6.3 任务 2：域内双向 NAT（域内 NAT + NAT server）

6.3.1 任务说明

如图 6-25 所示，某公司在网络边界处部署了防火墙 FW1 作为安全网关。为了使私网 Web 服务器和 FTP 服务器能够对外提供服务，让 Client2 能访问服务器，需要在防火墙 FW1 上配置 NAT server 功能。另外，与两台服务器同在一个安全区域，并且 IP 地址同在一个网段的 Client1 也需要访问这两台服务器。由于公司希望 Client1 可以使用公网地址访问内部服务器，因此还需要在防火墙 FW1 上配置源 NAT 功能。除了公网接口的 IP 地址外，公司还向 ISP 申请了两个公网 IP 地址，其中 1.1.1.10 作为内网服务器对外提供服务的地址，1.1.1.11 作为 Client1 地址转换后的公网地址。其中路由器 R1 是 ISP 提供的接入网关。

任务 2 域内双向 NAT（域内 NAT+NAT server）

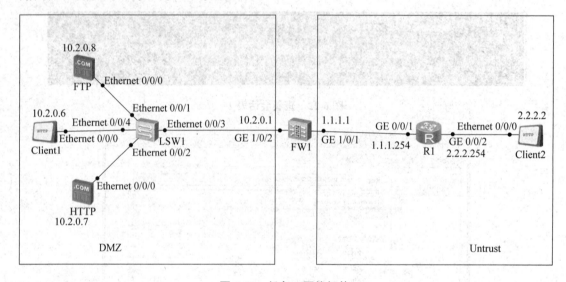

图 6-25 任务 2 网络拓扑

6.3.2 网络基本参数配置

（1）如图 6-26 所示，配置 FTP 服务器网络基本参数。

（2）如图 6-27 所示，启动 FTP 服务器。

（3）如图 6-28 所示，配置 HTTP 服务器网络基本参数。

（4）如图 6-29 所示，启动 HTTP 服务器。

（5）如图 6-30 所示，配置私网用户 Client1 网络的基本参数。

（6）如图 6-31 所示，配置公网客户端 Client2 网络的基本参数。

图 6-26 FTP 网络基本参数

图 6-27 启动 FTP 服务器

图 6-28 HTTP 服务器网络基本参数

图 6-29　启动 HTTP 服务器

图 6-30　用户 Client1 网络基本参数

图 6-31　Client2 网络基本参数

（7）配置路由器网络基本参数，配置结果如图 6-32 所示。

```
#
interface GigabitEthernet0/0/1
  ip address 1.1.1.254 255.255.255.0
#
interface GigabitEthernet0/0/2
  ip address 2.2.2.254 255.255.255.0
#
```

```
[Huawei]dis ip int brief
*down: administratively down
!down: FIB overload down
^down: standby
(l): loopback
(s): spoofing
(d): Dampening Suppressed
The number of interface that is UP in Physical is 3
The number of interface that is DOWN in Physical is 8
The number of interface that is UP in Protocol is 3
The number of interface that is DOWN in Protocol is 8

Interface                    IP Address/Mask    Physical    Protocol
Ethernet0/0/0                unassigned         down        down
Ethernet0/0/1                unassigned         down        down
GigabitEthernet0/0/0         unassigned         down        down
GigabitEthernet0/0/1         1.1.1.254/24       up          up
GigabitEthernet0/0/2         2.2.2.254/24       up          up
```

图 6-32　路由器网络基本参数

（8）配置防火墙相关端口网络基本参数，配置命令如下，配置结果如图 6-33 所示。

```
#
interface GigabitEthernet1/0/1
  undo shutdown
  ip address 1.1.1.1 255.255.255.0
#
interface GigabitEthernet1/0/2
  undo shutdown
  ip address 10.2.0.1 255.255.255.0
#
```

```
[FW1]dis ip int brief
2022-10-23 02:18:07.910
*down: administratively down
^down: standby
(l): loopback
(s): spoofing
(d): Dampening Suppressed
(E): E-Trunk down
The number of interface that is UP in Physical is 4
The number of interface that is DOWN in Physical is 6
The number of interface that is UP in Protocol is 4
The number of interface that is DOWN in Protocol is 6

Interface                    IP Address/Mask    Physical    Protocol
GigabitEthernet0/0/0         192.168.0.1/24     down        down
GigabitEthernet1/0/0         unassigned         down        down
GigabitEthernet1/0/1         1.1.1.1/24         up          up
GigabitEthernet1/0/2         10.2.0.1/24        up          up
```

图 6-33　防火墙相关端口网络基本参数

（9）进行防火墙安全区域划分，将 GE 1/0/1 口加入 Untrust 区域，将 GE 1/0/2 口加入 DMZ 区域，配置命令如下，配置结果如图 6-34 所示。

```
#
firewall zone untrust
  set priority 5
  add interface GigabitEthernet1/0/1
#
firewall zone dmz
  set priority 50
  add interface GigabitEthernet1/0/2
#
```

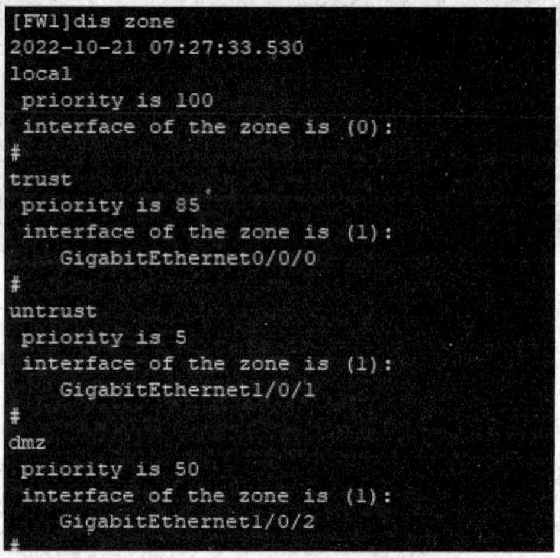

图 6-34　防火墙安全区域划分

6.3.3　NAT 策略配置

（1）NAT server 配置。将私网服务器地址和端口映射为公网地址和端口，配置后查看映射关系，如图 6-35 所示。

```
#
  nat server policy_web protocol tcp global 1.1.1.10 8080 inside
  10.2.0.7 www
  nat server policy_ftp protocol tcp global 1.1.1.10 ftp inside 10.2.0.8
  ftp
#
```

（2）如图 6-36 所示，查看生成的 server-map 表。

（3）地址池配置用于 NAPT 策略，1.1.1.11 公网地址作为源 NAT 转换后的地址，并启用黑洞路由。配置命令如下，配置效果如图 6-37 所示，

```
[FW1]dis nat server
2022-10-23 01:02:04.010
Server in private network information:
  Total   2 NAT server(s)
 server name   : policy_web
 id            : 0                    zone              : ---
 global-start-addr : 1.1.1.10         global-end-addr   : 1.1.1.10
 inside-start-addr : 10.2.0.7         inside-end-addr   : 10.2.0.7
 global-start-port : 8080             global-end-port   : 8080
 inside-start-port : 80(www)         inside-end-port    : 80
 globalvpn     : public               insidevpn         : public
 vsys          : public               protocol          : tcp
 no-revers     : 0                    interface         : ---
 unr-route     : 0                    description       : ---
 nat-disable   : 0

 server name   : policy_ftp
 id            : 1                    zone              : ---
 global-start-addr : 1.1.1.10         global-end-addr   : 1.1.1.10
 inside-start-addr : 10.2.0.8         inside-end-addr   : 10.2.0.8
 global-start-port : 21(ftp)          global-end-port   : 21
 inside-start-port : 21(ftp)          inside-end-port   : 21
 globalvpn     : public               insidevpn         : public
 vsys          : public               protocol          : tcp
 no-revers     : 0                    interface         : ---
 unr-route     : 0                    description       : ---
 nat-disable   : 0
```

图 6-35 NAT server 配置

```
[FW1]dis firewall server-map
2022-10-23 01:03:34.750
 Current Total Server-map : 4
 Type: Nat Server, ANY -> 1.1.1.10:21[10.2.0.8:21], Zone:---, protocol:tcp
 Vpn: public -> public

 Type: Nat Server, ANY -> 1.1.1.10:8080[10.2.0.7:80], Zone:---, protocol:tcp
 Vpn: public -> public

 Type: Nat Server Reverse, 10.2.0.8[1.1.1.10] -> ANY, Zone:---, protocol:tcp
 Vpn: public -> public, counter: 1

 Type: Nat Server Reverse, 10.2.0.7[1.1.1.10] -> ANY, Zone:---, protocol:tcp
 Vpn: public -> public, counter: 1
```

图 6-36 查看 server-map 表

```
#
nat address-group addressgroup1 0
  mode pat
  route enable 黑洞路由
  section 0 1.1.1.11 1.1.1.11
#
```

```
nat address-group addressgroup1 0
 reference count: 1
 mode pat
 status active
 route enable
 section 0 1.1.1.11 1.1.1.11
```

图 6-37 地址池配置

（4）源 NAT 配置。因为防火墙首包会话建立过程是先进行 NAT server 转换，再匹配安全策略，最后进行源 NAT 转换，所以目的地址是转换后的地址，即服务器私网地址 10.2.0.7/10.2.0.8。这里引用上面配置好的地址池 addressgroup1。因为这里是域内转换，所以源和目的的区域都是 DMZ。配置结果如图 6-38 所示。

```
#
rule name policy_nat1
source-zone dmz
destination-zone dmz
source-address 10.2.0.6 mask 255.255.255.255
destination-address range 10.2.0.7 10.2.0.8
service ftp
service http
action source-nat address-group addressgroup1
#
```

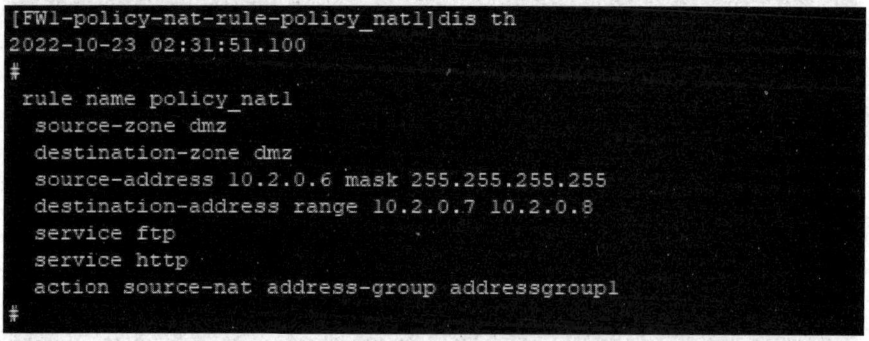

```
[FW1-policy-nat-rule-policy_nat1]dis th
2022-10-23 02:31:51.100
#
 rule name policy_nat1
  source-zone dmz
  destination-zone dmz
  source-address 10.2.0.6 mask 255.255.255.255
  destination-address range 10.2.0.7 10.2.0.8
  service ftp
  service http
  action source-nat address-group addressgroup1
#
```

图 6-38 源 NAT 配置

6.3.4 安全策略配置

配置防火墙安全策略时，第一条安全策略是放行公网访问私网服务器的流量，第二条安全策略根据防火墙的类型决定是否配置（默认情况下防火墙不对同一安全区域内流动的报文进行控制。USG6000 系列防火墙是个特例，即使在同一安全区域内流动的报文也受安全策略的控制）。配置结果如图 6-39 所示。

```
#
security-policy
  rule name policy1
    source-zone untrust
    destination-zone dmz
    destination-address 10.2.0.0 mask 255.255.255.0
    service ftp
```

```
      service http
      action permit
   rule name policy2
      source-zone dmz
      destination-zone dmz
      source-address 10.2.0.6 mask 255.255.255.255
      action permit
 #
```

```
[FW1-policy-security]dis th
2022-10-23 02:43:02.560
#
security-policy
 rule name policy1
  source-zone untrust
  destination-zone dmz
  destination-address 10.2.0.0 mask 255.255.255.0
  service ftp
  service http
  action permit
 rule name policy2
  source-zone dmz
  destination-zone dmz
  source-address 10.2.0.6 mask 255.255.255.255
  action permit
#
```

图 6-39 防火墙安全策略

6.3.5 其他关键配置

（1）在路由器上配置静态路由。

```
ip route-static 0.0.0.0 0.0.0.0 1.1.1.1
```

（2）在防火墙上配置静态路由。

```
ip route-static 0.0.0.0 0.0.0.0 1.1.1.254
```

（3）在防火墙上配置去往 1.1.1.10 的黑洞路由，源 NAT 的黑洞路由已经在地址池配置。

```
ip route-static 1.1.1.10 255.255.255.255 NULL0
```

（4）FTP 是多通道协议，在 Untrust 和 DMZ 同时开启 NAT ALG 和 ASPF 功能，配置结果如图 6-40 所示。

```
[FW1]firewall interzone untrust dmz
[FW1-interzone-dmz-untrust]detect ftp
```

```
[FW1-interzone-dmz-untrust]dis th
2022-10-23 01:45:00.840
#
firewall interzone dmz untrust
 detect ftp
#
return
```

图 6-40 开启 NAT ALG 和 ASPF 功能

（5）在两个 DMZ 之间同时开启 NAT ALG 和 ASPF 功能，配置结果如图 6-41 所示。

```
[FW1]firewall zone  dmz
[FW1-interzone-dmz-untrust]detect ftp
```

```
[FW1-zone-dmz]dis th
2022-10-23 02:52:42.090
#
firewall zone dmz
 set priority 50
 add interface GigabitEthernet1/0/2
 detect ftp
```

图 6-41   在两个 DMZ 之间同时开启 NAT ALG 和 ASPF 功能

6.3.6   验证

（1）如图 6-42 所示，清空会话表，并确认会话表清零。

```
<FW1>reset firewall session table
Warning:Reseting session table will affect the system's normal service.
Continue? [Y/N]:Y
<FW1>
[FW1]dis firewall session table
2022-10-23 02:55:40.930
 Current Total Sessions : 0
```

图 6-42   清空并确认会话表清零

（2）如图 6-43 所示，Client1 通过公网 IP 1.1.1.10 正常访问 FTP 服务器。
如图 6-44 所示，查看会话表。

```
[FW1]dis firewall session table
```

从图 6-44 会话表可以看出 FTP 产生了两条会话：一条是控制会话，另一条是数据会话。并且数据流的源地址和目的地址都发生了转化。其中源地址由 10.2.0.6 转换为了 1.1.1.11，目的地址由 1.1.1.10 转换成了 10.2.0.8，完成了双向 NAT 的转换。

图 6-43　Client1 访问 FTP 服务器

```
[FW1]dis firewall session table
2022-10-23 02:57:44.080
 Current Total Sessions : 2
 ftp-data  VPN: public --> public  10.2.0.6:2074[1.1.1.11:2074] --> 1.1.1.10:205
8[10.2.0.8:2058]
 ftp  VPN: public --> public  10.2.0.6:2073[1.1.1.11:2053] +-> 1.1.1.10:21[10.2.
0.8:21]
```

图 6-44　查看会话表

（3）如图 6-45 所示，Client1 通过公网 IP 1.1.1.10 正常访问 HTTP 服务器。

图 6-45　Client1 正常访问 HTTP 服务器

（4）查看会话表，如图 6-46 所示。

```
[FW1]dis firewall session table
```

```
http  VPN: public --> public  10.2.0.6:2077[1.1.1.11:2052] --> 1.1.1.10:8080[10
.2.0.7:80]
```

图 6-46　查看会话表

可以看出，HTTP 访问数据流的源地址和目的地址都发生了转化。其中源地址由 10.2.0.6 转换为了 1.1.1.11，目的地址由 1.1.1.10 转换成了 10.2.0.7，完成了双向 NAT 的转换。

（5）如图 6-47 所示，Client2 通过公网地址和端口 1.1.1.10:8080 能正常访问 HTTP 服务器。

图 6-47　Client2 访问 HTTP 服务器

（6）如图 6-48 所示，Client2 通过公网地址 1.1.1.10 正常访问 FTP 服务器。

图 6-48　Client2 正常访问 FTP 服务器

习　　题

（1）简述域内双向 NAT 和域内双向 NAT 的作用。

（2）请说明 NAT Inbound+NAT server 技术原理。

（3）请说明域内 NAT+NAT server 技术原理。

思政聚焦：坚韧不拔　自主创新

2019 年，美国将华为列入实体清单，限制相关企业向华为提供关键技术和产品，包括谷歌的 Android 系统和 ARM 架构等。由于华为在手机业务中依赖这些技术与产品，加上此前未作应对准备，导致华为手机销售受到巨大影响，被形容为被"卡脖子"的状态。华为随后推出自有操作系统 HarmonyOS 以及自主研发芯片麒麟系列，尝试摆脱对外依赖。华为通过不断创新和发展解决公司的生存问题。据华为发布的 2022 年财报显示，当年收入为 6423 亿元，净利润 356 亿元。虽然收入比制裁前下降，但是公司总算活了下来。徐直军强调："2023 年是华为生存与发展的关键之年。今天的华为，就像梅花，梅花飘香是因为她经历了严寒淬炼。我们面临的压力无疑是巨大的，但我们也有增长机会，有产业组合韧性，有差异化优势，有客户和伙伴的信任和敢于压强式投入。因此，我们有信心战胜艰难困苦，实现持续生存和发展。"

作为新时代年轻人，我们从华为被卡脖子的案例中要深刻反思到要有忧患意识，要坚持自主创新至上，坚持刻苦耐劳，把核心技术掌握在自己手上才能不受制于人。在工作生活上，逐渐摆脱"拿来主义"，慢慢养成独立思考到自主创新的模式，终有一日，可以在核心领域不再任人鱼肉。

项目7 双机热备——主备模式

CY 公司之前采购的一台防火墙，现在工作过程中偶尔会出现故障，影响公司内部网络与外部网之间的通信。为了解决此问题，公司又重新采购了一台相同型号的防火墙，计划将其作为备用防火墙。要求一般状况下，公司内网与外网之间的通信通过原来的防火墙（主防火墙）正常转发，当主防火墙出现故障时，备用防火墙自动替换原来的防火墙进行通信转发工作，从而保证公司通信业务不中断。项目经理希望让小蔡通过相关配置，完成两个防火墙进行主备切换的任务。

双机热备——主备模式示意图如 7-1 所示，两台防火墙的业务接口都工作在三层，上下行分别连接二层交换机。上行交换机连接运营商的接入点。

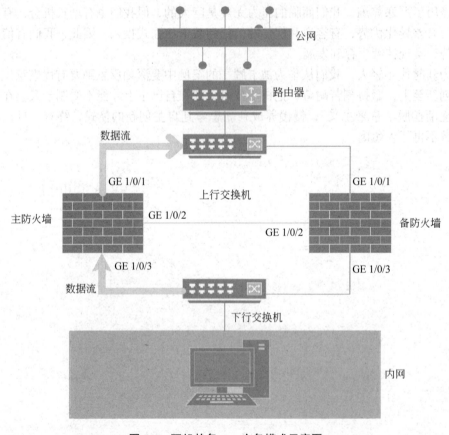

图 7-1　双机热备——主备模式示意图

7.1 知 识 引 入

7.1.1 双机热备概述

1. 产生背景

在网络关键节点上，如果只部署一台设备，无论其可靠性多高，系统都必然要承受因单点故障而导致网络中断的风险。防火墙一般用作内网到外网的出口，也是业务关键路径上的设备。为了防止因一台设备故障而导致的业务中断，要求防火墙必须提供更高的可靠性，此时需要使用防火墙双机热备组网。当一台防火墙出现故障时，网络流量会通过另外一台防火墙所在的链路转发，保证内外网之间业务正常运行。

2. 分类

双机热备的应用场景主要包括主备备份模式和负载分担模式。主备备份模式是指正常情况下仅由主用设备处理业务，备用设备空闲；当主用设备接口、链路或整机故障时，备用设备切换为主用设备，接替主用设备处理业务。负载分担模式也可以称为"互为主备"，即两台设备同时处理业务。当其中一台设备发生故障时，另外一台设备会立即承担其业务，保证原来需要通过这台设备转发的业务不中断。

7.1.2 心跳线

双机热备组网中，心跳线是两台防火墙交互消息了解对端状态以及备份配置命令和各种表项的通道。心跳线两端的接口通常被称为"心跳接口"。

心跳线主要传递以下消息。

（1）心跳报文（hello 报文）：两台防火墙通过定期（默认周期为 1s）互相发送心跳报文检测对端设备是否存活。

（2）VGMP 报文：了解对端设备的 VGMP 组的状态，确定本端和对端设备当前状态是否稳定，是否要进行故障切换。

（3）配置和表项备份报文：用于两台防火墙同步配置命令和状态信息。

（4）心跳链路探测报文：用于检测对端设备的心跳口能否正常接收本端设备的报文，确定是否有心跳接口可以使用。

（5）配置一致性检查报文：用于检测两台防火墙的关键配置是否一致，如安全策略、NAT 等。

说明：上述报文均不受防火墙的安全策略控制，因此，不需要针对这些报文配置安全策略。

7.1.3 相关协议

1. VRRP

VRRP（virtual router redundancy protocol，虚拟路由冗余协议）是一种容错协议。它

通过一定的机制来保证当主机的下一跳设备出现故障时，可以及时将业务切换到其他设备，从而保持通信的连续性和可靠性。一般应用在路由器和交换机的网络双机部署。

2. VGMP

如果在网关的上行和下行接口上同时运行 VRRP，出现多个 VRRP 备份组时，它们之间的状态无法同步，会导致业务流量的中断。

为了解决多个 VRRP 备份组状态不一致的问题，华为防火墙引入 VGMP（VRRP group management protocol，VRRP 组管理协议）来实现对 VRRP 备份组的统一管理，保证多个 VRRP 备份组状态的一致性。

VGMP 是华为的私有协议，该协议对 VRRP 报文进行了扩展和修改，并衍生出多种使用 VGMP 报文头封装的报文。

（1）VGMP 报文（VGMP hello 报文）。VGMP hello 报文用于两台防火墙间的 VGMP 组协商主备状态。

（2）HRP（huawei redundancy protocol）心跳报文。HRP 心跳报文用于探测对端的 VGMP 组是否处于工作状态。状态为 Active 的 VGMP 组会每隔一段时间（默认为 1s）向对端的 VGMP 组发送 HRP 心跳报文，用来通知本端的 VGMP 组状态和优先级。如果状态为 Standby 的 VGMP 在三个周期内没有收到对端发送的 HRP 心跳报文，则认为对端 VGMP 组故障，会将自身状态切换成 Active。

（3）HRP 数据报文。在 VGMP 报文头后增加 HRP 报文头，才能封装成 HRP 数据报文。HRP 数据报文用于主备设备之间的数据备份，包括命令行配置的备份和各种状态信息的备份。

7.1.4　VGMP 组

VGMP 中定义了 VGMP 组，防火墙基于 VGMP 组实现设备主备状态管理。VGMP 组有优先级和状态两个属性。VGMP 组优先级决定了 VGMP 组的状态。

VGMP 组优先级是不可配置的。设备正常启动后，会根据设备的硬件配置自动生成一个 VGMP 组优先级，这个优先级称为初始优先级。

VGMP 组有四种状态：initialize、load-balance、active 和 standby。其中，initialize 是初始化状态，设备未启用双机热备功能时，VGMP 组处于这个状态；其他三个状态则是设备通过比较自身和对端设备 VGMP 组优先级大小确定的。设备通过心跳线接收对端设备的 VGMP 报文，了解对端设备的 VGMP 组优先级。

（1）设备自身的 VGMP 组优先级等于对端设备的 VGMP 组优先级时，设备的 VGMP 组状态为 load-balance。

（2）设备自身的 VGMP 组优先级大于对端设备的 VGMP 组优先级时，设备的 VGMP 组状态为 active。

（3）设备自身的 VGMP 组优先级小于对端设备的 VGMP 组优先级时，设备的 VGMP 组状态为 standby。

（4）设备没有接收到对端设备的 VGMP 报文，无法了解到对端 VGMP 组优先级时，设备的 VGMP 组状态为 active。例如，心跳线故障。

防火墙在默认情况下提供了两个 VGMP 管理组：Active 组和 Standby 组。Active 组的优先级为 65001，Standby 组的优先级为 65000。主备备份模式下只有一个 VGMP 管理组在工作，需要将一台防火墙配置为 Active 组，另一台配置为 Standby 组；负载分担模式下，两个管理组同时工作。防火墙将所有 VRRP 备份组都加入一个 VGMP 管理组中，由 VGMP 组来集中监控并管理所有的 VRRP 备份组状态。

7.1.5 备份方式和备份内容

防火墙双机热备数据备份的备份方式和备份内容如下。

1. 备份方式

双机热备支持以自动备份、手工批量备份和快速会话备份三种方式。

（1）自动备份功能可以自动实时备份配置命令和周期性地备份状态信息（如会话表信息），适用于各种双机热备组网。

（2）手工批量备份需要管理员手工触发，每执行一次手工批量备份命令，主用设备就会立即同步一次配置命令和状态信息到备用设备。因此，手工批量备份主要适用于主备设备之间配置不同步，需要手工同步的场景。

（3）快速会话备份功能，适用于负载分担的工作方式，以应对报文来回路径不一致的场景。为了保证状态信息的及时同步，快速备份功能只是备份状态信息，不备份配置的命令。配置命令的备份由自动备份功能实现。

三种备份方式的使用方式通常是：自动备份默认开启，不要关闭；如果主备设备之间配置不同步，需要执行手工批量备份的命令；如果是负载分担组网，需要开启快速会话备份功能。

2. 备份内容

备份内容包括配置数据和状态信息。

防火墙能够备份的配置信息如下。

（1）策略：安全策略、NAT 策略、带宽管理、认证策略、攻击防范、黑名单、ASPF。

（2）对象：地址、地区、服务、应用、用户、认证服务器、时间段、URL 分类、关键字组、邮件地址组、签名、安全配置文件（反病毒、入侵防御、URL 过滤、文件过滤、内容过滤、应用行为控制、邮件过滤）。

（3）网络：新建逻辑接口、安全区域、DNS、IPSec、SSL VPN、TSM 联动。

（4）系统：管理员、日志配置。

防火墙能够备份的状态信息有会话表、server-map 表等。

说明：主备备份模式下，备份数据（配置数据和状态信息）是从主用设备备份到备用设备。在负载分担模式下，最先建立双机热备状态的防火墙成为配置主设备，后建立的成为配置从设备，配置数据由配置主设备备份到配置从设备，状态信息则是两台设备相互备份。

7.1.6 关键配置命令

1. 配置 VRRP 备份组

VRRP 备份组相当于一台虚拟网关，这个虚拟网关有自己的虚拟 IP 地址和虚拟 MAC 地址（格式为 00-00-5E-00-01-{VRID}，VRID 是 VRRP 备份组的 ID）。局域网内的主机可以将默认网关设置为 VRRP 备份组的虚拟 IP 地址。

例如，以下命令是将 FW1 作为主设备，将其 GigabitEthernet 1/0/1 接口加入备份组 1，并启用 Active 组。如果启用 Standby 组，则将 active 改成 standby。

```
[FW1] interface GigabitEthernet 1/0/1
[FW1-GigabitEthernet1/0/1] vrrp vrid 1 virtual-ip 1.1.1.1 24 active
[FW1-GigabitEthernet1/0/1] quit
```

2. 配置心跳口，心跳口用来做数据同步

例如，以下命令表示本地的心跳接口是 GigabitEthernet 1/0/2，对端心跳接口 IP 是 10.10.0.2。

```
[FW1] hrp interface GigabitEthernet 1/0/2 remote 10.10.0.2
```

注意：
- 两台设备的心跳接口必须加入相同的安全区域。
- 两台设备的心跳接口的接口类型和编号必须相同。例如，主用设备的心跳接口为 GigabitEthernet 1/0/2，那么备用设备的心跳接口也必须为 GigabitEthernet 1/0/2。

3. 启用双机热备

```
[FW1] hrp enable
```

7.1.7 双机热备的系统要求

1. 硬件要求

组成双机热备的两台防火墙的型号必须相同，安装的单板类型、数量以及单板安装的位置必须相同。

两台防火墙的硬盘配置可以不同。例如，一台防火墙安装硬盘，另一台防火墙不安装硬盘，不会影响双机热备的运行。但未安装硬盘的防火墙日志存储量将远低于安装了硬盘

的防火墙，而且部分日志和报表功能不可用。

2. 软件要求

组成双机热备的两台 FW 的系统软件版本、系统补丁版本、动态加载的组件包、特征库版本、HASH 选择 CPU 模式以及 HASH 因子都必须相同。

3. license 要求

双机热备功能自身不需要 license。但对于其他需要 license 的功能，如 IPS、反病毒等功能，组成双机热备的两台防火墙需要分别申请和加载 license，两台防火墙之间不能共享 license。两台防火墙的 license 控制项种类、资源数量、升级服务到期时间都要相同。

7.2   任务 1：仿真拓扑设计

7.2.1   任务说明

根据案例场景中的需求，使用 eNSP 设计的仿真拓扑图如图 7-2 所示。FW1 为主防火墙，FW2 为备用防火墙。上行交换机连接运营商的接入点，运营商为企业分配的 IP 地址是 1.1.1.2。防火墙安全区域划分，将 GE 1/0/1 接口加入 Untrust 区域，将 GE 1/0/2 接口加入 DMZ 区域，将 GE 1/0/3 接口加入 Trust 区域。主防火墙上配置 NAPT 的方式访问外网，其地址池地址范围是 1.1.1.3~1.1.1.5。上下行各有一个 VRRP 备份组，PC1 模拟用来内网用户，Server1 用来模拟公网用户，其他各网络参数信息参见拓扑图 7-2。

任务 1 仿真拓扑设计

7.2.2   配置思路

双机热备配置思路与自身网络特点有关系，比如防火墙业务接口工作在三层，连接交换机；防火墙业务接口工作在三层，连接路由器；防火墙业务接口工作在二层，连接交换机；防火墙业务接口工作在二层，连接路由器。在本案例场景中，属于防火墙业务接口工作在三层，上下行连接交换机的应用场景，配置思路主要有以下几个步骤：

（1）完成网络基本配置，包括接口、安全区域、路由、安全策略等；

（2）配置 VGMP 监控接口；

（3）配置心跳接口；

（4）启用双机热备；

（5）配置备份方式；

（6）配置安全业务。

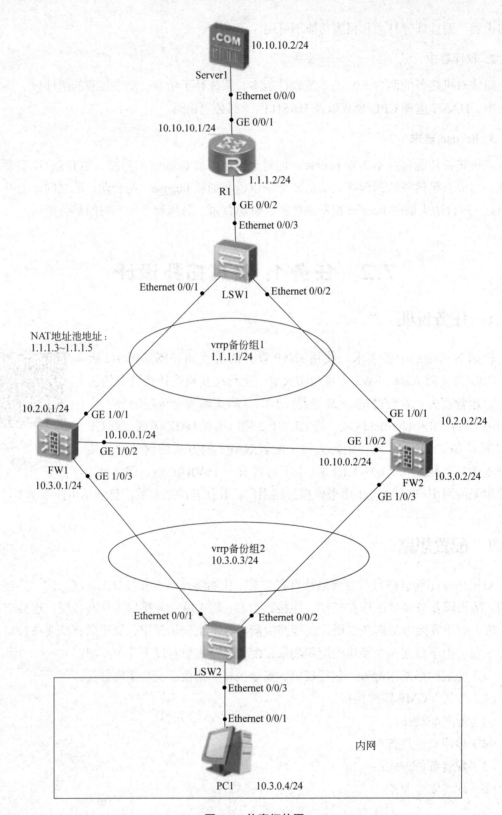

图 7-2　仿真拓扑图

7.3　任务 2：外围设备基础配置

7.3.1　任务说明

对 PC1、Server1、路由器进行网络基础配置。

任务 2　外围
设备基础配置

7.3.2　任务实施过程

（1）配置 PC1 网络基本参数，注意 PC1 的网关地址是 10.3.0.3，如图 7-3 所示。

图 7-3　PC1 网络参数配置图

（2）配置 Server1 网络基本参数，如图 7-4 所示。

图 7-4　Server1 网络参数配置图

（3）配置路由器基本网络参数，参考命令如下。

```
#
interface GigabitEthernet 0/0/1
  ip address 10.10.10.1 255.255.255.0
#
interface GigabitEthernet0/0/2
  ip address 1.1.1.2 255.255.255.0
#
```

（4）路由器静态路由配置，参考命令如下。

```
#
ip route-static 0.0.0.0 0.0.0.0 1.1.1.1
#
```

7.4　任务 3：FW1（master 设备）配置

7.4.1　任务说明

对主设备进行相关配置。

任务 3　FW1
（master 设备）
配置

7.4.2　任务实施过程

1. 安全区域划分和网络基础配置

（1）配置防火墙相关接口网络基本参数，配置参考命令如下。

```
#
interface GigabitEthernet1/0/1
  undo shutdown
  ip address 10.2.0.1 255.255.255.0
#
interface GigabitEthernet1/0/2
  undo shutdown
  ip address 10.10.0.1 255.255.255.0
#
interface GigabitEthernet1/0/3
  shutdown
  ip address 10.3.0.1 255.255.255.0
#
```

（2）防火墙安全区域划分，将 GE 1/0/1 接口加入 Untrust 区域，将 GE 1/0/2 接口加入 DMZ 区域，将 GE 1/0/3 接口加入 trust 区域。配置参考命令如下，配置结果如图 7-5 所示。

```
#
firewall zone trust
   set priority 85
   add interface GigabitEthernet 1/0/3
#
firewall zone untrust
   set priority 5
   add interface GigabitEthernet 1/0/1
#
firewall zone dmz
   set priority 50
   add interface GigabitEthernet 1/0/2
```

```
#
trust
 priority is 85
 interface of the zone is (2):
     GigabitEthernet0/0/0
     GigabitEthernet1/0/3
#
untrust
 priority is 5
 interface of the zone is (1):
     GigabitEthernet1/0/1
#
dmz
 priority is 50
 interface of the zone is (1):
     GigabitEthernet1/0/2
#
```

图 7-5　防火墙安全区域划分结果

（3）防火墙静态路由配置，配置参考命令如下。

```
#
ip route-static 0.0.0.0 0.0.0.0 1.1.1.2
#
```

2. 双机热备相关配置

（1）在上行业务接口 GE 1/0/1 上配置 VRRP 备份组 1，并设置其状态为 Active。需要注意的是，如果接口的 IP 地址与 VRRP 备份组地址不在同一网段，则配置 VRRP 备份组地址时需要指定掩码。如下配置参考命令中 GE 1/0/1 接口的 IP 地址与 VRRP 备份组地址不在同一网段，所以配置增加了掩码：

```
[FW1] interface GigabitEthernet 1/0/1
[FW1-GigabitEthernet1/0/1] vrrp vrid 1 virtual-ip 1.1.1.1 24 active
[FW1-GigabitEthernet1/0/1] quit
```

（2）查看接口截图如图 7-6 所示，可以看到 VRRP 备份组 1 已经关联到了 GE 1/0/1 接口上，并且其状态为 Active。

```
HRP_M[FW1-GigabitEthernet1/0/1]dis th
2022-11-06 04:29:18.880
#
interface GigabitEthernet1/0/1
 undo shutdown
 ip address 10.2.0.1 255.255.255.0
 vrrp vrid 1 virtual-ip 1.1.1.1 255.255.255.0 active
#
```

图 7-6 查看 GE 1/0/1 接口配置结果

（3）在下行业务接口 GE 1/0/3 上配置 VRRP 备份组 2，并设置其状态为 Active。此处接口的 IP 地址与 VRRP 备份组地址在同一网段，无须配置掩码。如下配置参考命令中 GE 1/0/3 接口的 IP 地址与 VRRP 备份组地址在同一网段，所以配置不用增加掩码：

```
[FW1] interface GigabitEthernet 1/0/3
[FW1-GigabitEthernet1/0/3] vrrp vrid 2 virtual-ip 10.3.0.3 active
[FW1-GigabitEthernet1/0/3] quit
```

（4）查看接口状态，如图 7-7 所示，可以看到 VRRP 备份组 2 已经关联到了 GE 1/0/3 接口上，并且其状态为 Active。

```
HRP_M[FW1-GigabitEthernet1/0/3]dis th
2022-11-06 04:30:21.720
#
interface GigabitEthernet1/0/3
 undo shutdown
 ip address 10.3.0.1 255.255.255.0
 vrrp vrid 2 virtual-ip 10.3.0.3 active
#
```

图 7-7 查看 GE 1/0/3 接口配置结果

（5）指定心跳接口并启用双机热备功能，对端防火墙的心跳接口 IP 是 10.10.0.2。

```
[FW1] hrp interface GigabitEthernet 1/0/2 remote 10.10.0.2
[FW1] hrp enable
```

（6）防火墙 hrp 功能生效，此时查看命令行，可见防火墙状态改为如图 7-8 所示。

```
HRP_M[FW1]
```

图 7-8 查看防火墙状态

注意：以下安全策略配置和 NAT 策略配置步骤请在任务 4 完成后再进行配置，便于命令同步到 FW2 上。

3. 安全策略配置

双机热备状态成功建立后，FW1 的安全策略配置会自动备份到 FW2 上。

（1）配置安全规则。该安全策略的作用是配置 Local 区域与心跳接口所在安全区域间的安全策略的动作为允许，配置参考命令如下：

```
#
rule name local-dmz
  source-zone dmz
  source-zone local
  destination-zone dmz
  destination-zone local
  action permit
#
```

（2）配置业务规则，该安全策略的作用是放行内网访问外网的流量，配置参考命令如下：

```
#
rule name tru_to_untr
  source-zone trust
  destination-zone untrust
  source-address 10.3.0.0 mask 255.255.255.0
  destination-address 10.10.10.0 mask 255.255.255.0
  action permit
#
```

（3）配置完成后的安全规则查看如图 7-9 所示。

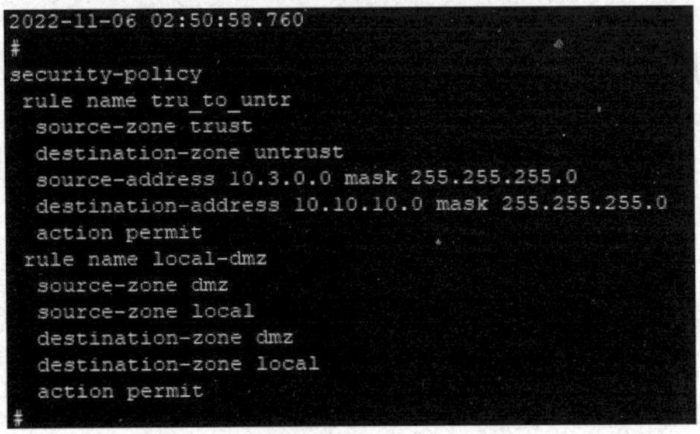

```
2022-11-06 02:50:58.760
#
security-policy
 rule name tru_to_untr
  source-zone trust
  destination-zone untrust
  source-address 10.3.0.0 mask 255.255.255.0
  destination-address 10.10.10.0 mask 255.255.255.0
  action permit
 rule name local-dmz
  source-zone dmz
  source-zone local
  destination-zone dmz
  destination-zone local
  action permit
#
```

图 7-9　查看安全规则

说明：双机热备状态成功建立后，FW1 的安全策略配置会快速备份到 FW2 上。安全策略只需要在 FW1 上进行配置。

4. 源 NAT 策略配置

双机热备状态成功建立后，FW1 的 NAT 策略配置会自动备份到 FW2 上。NAT 策略只需要在 FW1 上进行配置。

此处配置采用 NAPT 的方式访问外网，其地址池地址范围是 1.1.1.3～1.1.1.5。

提示：因为源 NAT 策略转换后的地址（1.1.1.3～1.1.1.5）跟路由 IP（1.1.1.2）属于同一个网段，所以路由器也可以不用配置静态路由。

（1）地址池配置参考命令如下：

```
#
nat address-group group1 0
  mode pat
  section 0 1.1.1.3 1.1.1.5
#
```

（2）源 NAT 配置如下，当内网用户访问 Internet 时，将源地址由 10.3.0.0/16 网段转换为地址池中的地址（1.1.1.3～1.1.1.5）。

```
#
nat-policy
  rule name policy_nat1
  source-zone trust
  destination-zone untrust
  source-address 10.3.0.0 mask 255.255.0.0
  action source-nat address-group group1
#
```

7.5 任务 4：FW2（slave 设备）配置

7.5.1 任务说明

任务 4 FW2
（slave 设备）
配置

对从设备 FW2 进行配置。FW2 和上述 FW1 的配置基本相同，不同之处在于以下两方面。

（1）FW2 各个接口的 IP 地址与 FW1 各个接口的 IP 地址不相同。

（2）FW2 的业务接口 GigabitEthernet 1/0/1 和 GigabitEthernet 1/0/3 的 VRRP 备份组需要设置状态为 Standby。

7.5.2 任务实施过程

（1）配置防火墙相关端口的网络基本参数，配置参考命令如下：

```
#
interface GigabitEthernet 1/0/1
  undo shutdown
  ip address 10.2.0.2 255.255.255.0
#
interface GigabitEthernet 1/0/2
  undo shutdown
  ip address 10.10.0.2 255.255.255.0
#
interface GigabitEthernet 1/0/3
  undo shutdown
  ip address 10.3.0.2 255.255.255.0
#
```

（2）防火墙安全区域划分，将 GE 1/0/1 接口加入 Untrust 区域，将 GE 1/0/2 接口加入
DMZ 区域，将 GE 1/0/3 接口加入 Trust 区域，配置参考命令如下：

```
#
firewall zone trust
  set priority 85
  add interface GigabitEthernet 1/0/3
#
firewall zone untrust
  set priority 5
  add interface GigabitEthernet 1/0/1
#
firewall zone dmz
  set priority 50
  add interface GigabitEthernet 1/0/2
```

（3）防火墙静态路由配置，参考配置命令如下：

```
#
ip route-static 0.0.0.0 0.0.0.0 1.1.1.2
#
```

（4）在上行业务接口 GE 1/0/1 上配置 VRRP 备份组 1，并设置其状态为 standby。需
要注意的是，如果接口的 IP 地址与 VRRP 备份组地址不在同一网段，则配置 VRRP 备份
组地址时需要指定掩码。

```
[FW1] interface GigabitEthernet 1/0/1
[FW1-GigabitEthernet1/0/1] vrrp vrid 1 virtual-ip 1.1.1.1 24 standby
[FW1-GigabitEthernet1/0/1] quit
```

（5）在下行业务接口 GE 1/0/3 上配置 VRRP 备份组 2，并设置其状态为 standby。此处接口的 IP 地址与 VRRP 备份组地址在同一网段，无须配置掩码。

```
[FW1] interface GigabitEthernet 1/0/3
[FW1-GigabitEthernet1/0/3] vrrp vrid 2 virtual-ip 10.3.0.3 standby
[FW1-GigabitEthernet1/0/3] quit
```

（6）指定心跳口并启用双机热备功能。

```
[FW1] hrp interface GigabitEthernet 1/0/2 remote 10.10.0.1
[FW1] hrp enable
```

（7）防火墙 hrp 功能生效，可见防火墙状态改为如图 7-10 所示。

```
HRP_S[FW2]
```

图 7-10　查看防火墙状态

说明：双机热备状态成功建立后，FW1 的 NAT 策略配置会快速备份到 FW2 上。NAT 策略只需要在 FW1 上进行配置。

7.6　任务 5：验证

7.6.1　任务说明

对需求进行验证，首先测试正常状态下主防火墙工作，备防火墙待用的功能；其次，模拟主防火墙接口故障，测试双机主备切换的功能；最后模拟故障恢复，测试防火墙主备功能的恢复。

任务 5　验证

7.6.2　任务实施过程

（1）在 FW1 上执行 display vrrp 命令，检查 VRRP 组内接口的状态信息，显示以下信息表示 VRRP 组建立成功，如图 7-11 所示。

（2）在 FW1 上执行 display hrp state verbose 命令，检查当前 VGMP 组的状态，显示以下信息表示双机热备建立成功，如图 7-12 所示。

（3）访问 Server1，成功访问，如图 7-13 所示。

（4）分别在 FW1 和 FW2 上检查会话，如图 7-14 和图 7-15 所示。从 ICMP 的会话可以看出 FW2 上存在带有 remote 标记的会话，如图 7-15 所示，表示配置双机热备功能后，会话备份成功。其中 UDP 的会话是心跳同步。

```
HRP_M[FW1]dis vrrp
2022-11-06 07:06:21.370
  GigabitEthernet1/0/1 | Virtual Router 1
    State : Master
    Virtual IP : 1.1.1.1
    Master IP : 10.2.0.1
    PriorityRun : 120
    PriorityConfig : 100
    MasterPriority : 120
    Preempt : YES   Delay Time : 0 s
    TimerRun : 60 s
    TimerConfig : 60 s
    Auth type : NONE
    Virtual MAC : 0000-5e00-0101
    Check TTL : YES
    Config type : vgmp-vrrp
    Backup-forward : disabled
    Create time : 2022-11-06 07:01:45
    Last change time : 2022-11-06 07:02:47

  GigabitEthernet1/0/3 | Virtual Router 2
    State : Master
    Virtual IP : 10.3.0.3
    Master IP : 10.3.0.1
    PriorityRun : 120
    PriorityConfig : 100
    MasterPriority : 120
    Preempt : YES   Delay Time : 0 s
    TimerRun : 60 s
    TimerConfig : 60 s
    Auth type : NONE
    Virtual MAC : 0000-5e00-0102
    Check TTL : YES
    Config type : vgmp-vrrp
    Backup-forward : disabled
    Create time : 2022-11-06 07:01:45
    Last change time : 2022-11-06 07:02:47
```

图 7-11　VRRP 组建立成功

```
HRP_M[FW1]display hrp state verbose
2022-11-06 07:08:36.150
  Role: active, peer: standby
  Running priority: 45000, peer: 45000
  Backup channel usage: 0.00%
  Stable time: 0 days, 0 hours, 5 minutes
  Last state change information: 2022-11-06 7:02:47 HRP core state changed, old_s
tate = abnormal(standby), new_state = normal, local_priority = 45000, peer_prior
ity = 45000.

  Configuration:
  hello interval:            1000ms
  preempt:                   60s
  mirror configuration:      off
  mirror session:            off
  track trunk member:        on
  auto-sync configuration:   on
  auto-sync connection-status: on
  adjust ospf-cost:          on
  adjust ospfv3-cost:        on
  adjust bgp-cost:           on
  nat resource:              off

  Detail information:
          GigabitEthernet1/0/1 vrrp vrid 1: active
          GigabitEthernet1/0/3 vrrp vrid 2: active
                                  ospf-cost: +0
                                  ospfv3-cost: +0
                                  bgp-cost: +0
```

图 7-12　双机热备建立成功

```
PC>ping 10.10.10.2

Ping 10.10.10.2: 32 data bytes, Press Ctrl_C to break
From 10.10.10.2: bytes=32 seq=1 ttl=253 time=79 ms
From 10.10.10.2: bytes=32 seq=2 ttl=253 time=46 ms
From 10.10.10.2: bytes=32 seq=3 ttl=253 time=63 ms
From 10.10.10.2: bytes=32 seq=4 ttl=253 time=78 ms
From 10.10.10.2: bytes=32 seq=5 ttl=253 time=78 ms
```

图 7-13　访问 Server1 成功

```
HRP_M[FW1]dis firewall session table
2022-11-06 07:14:45.980
Current Total Sessions : 8
icmp  VPN: public --> public  10.3.0.4:13662[1.1.1.3:2064] --> 10.10.10.2:2048
udp   VPN: public --> public  10.10.0.2:16384 --> 10.10.0.1:18514
icmp  VPN: public --> public  10.3.0.4:14430[1.1.1.3:2067] --> 10.10.10.2:2048
icmp  VPN: public --> public  10.3.0.4:13150[1.1.1.3:2063] --> 10.10.10.2:2048
udp   VPN: public --> public  10.10.0.1:49152 --> 10.10.0.2:18514
icmp  VPN: public --> public  10.3.0.4:13918[1.1.1.3:2065] --> 10.10.10.2:2048
udp   VPN: public --> public  10.10.0.2:49152 --> 10.10.0.1:18514
icmp  VPN: public --> public  10.3.0.4:14174[1.1.1.3:2066] --> 10.10.10.2:2048
```

图 7-14　在 FW1 上检查会话

```
HRP_S<FW2>dis firewall session table
2022-11-06 05:55:05.730
Current Total Sessions : 8
icmp  VPN: public --> public  Remote 10.3.0.4:13662[1.1.1.3:2064] --> 10.10.10.2:2048
icmp  VPN: public --> public  Remote 10.3.0.4:14430[1.1.1.3:2067] --> 10.10.10.2:2048
icmp  VPN: public --> public  Remote 10.3.0.4:13150[1.1.1.3:2063] --> 10.10.10.2:2048
udp   VPN: public --> public  10.10.0.1:49152 --> 10.10.0.2:18514
icmp  VPN: public --> public  Remote 10.3.0.4:13918[1.1.1.3:2065] --> 10.10.10.2:2048
udp   VPN: public --> public  10.10.0.2:49152 --> 10.10.0.1:18514
udp   VPN: public --> public  10.10.0.1:16384 --> 10.10.0.1:18514
icmp  VPN: public --> public  Remote 10.3.0.4:14174[1.1.1.3:2066] --> 10.10.10.2:2048
```

图 7-15　在 FW2 上检查会话

（5）使用 Wireshark 分别在 FW1 GE 1/0/1 接口和 FW2 的 GE 1/0/1 接口抓包，可以看到只有 FW1 的 GE 1/0/1 接口有 ICMP 包，如图 7-16 所示，这是因为 FW1 是主防火墙，流量只从 FW1 过，FW2 处于备用状态。

```
50 75.282000  1.1.1.3           10.10.10.2        ICMP  74 Echo (ping) request  id=0x0819, seq=1/256, ttl=127 (reply in 51)
51 75.344000  10.10.10.2        1.1.1.3           ICMP  74 Echo (ping) reply    id=0x0819, seq=1/256, ttl=254 (request in 50)
52 76.375000  1.1.1.3           10.10.10.2        ICMP  74 Echo (ping) request  id=0x081a, seq=2/512, ttl=127 (reply in 53)
53 76.422000  10.10.10.2        1.1.1.3           ICMP  74 Echo (ping) reply    id=0x081a, seq=2/512, ttl=254 (request in 52)
54 76.485000  HuaweiTe_8b:62:04 Spanning-tree-(for- STP  119 MST. Root = 32768/0/4c:1f:cc:8b:62:04  Cost = 0  Port = 0x8001
55 77.438000  1.1.1.3           10.10.10.2        ICMP  74 Echo (ping) request  id=0x081b, seq=3/768, ttl=127 (reply in 56)
56 77.500000  10.10.10.2        1.1.1.3           ICMP  74 Echo (ping) reply    id=0x081b, seq=3/768, ttl=254 (request in 55)
57 78.532000  1.1.1.3           10.10.10.2        ICMP  74 Echo (ping) request  id=0x081c, seq=4/1024, ttl=127 (reply in 58)
58 78.563000  10.10.10.2        1.1.1.3           ICMP  74 Echo (ping) reply    id=0x081c, seq=4/1024, ttl=254 (request in 57)
59 78.625000  HuaweiTe_8b:62:04 Spanning-tree-(for- STP  119 MST. Root = 32768/0/4c:1f:cc:8b:62:04  Cost = 0  Port = 0x8001
60 79.579000  1.1.1.3           10.10.10.2        ICMP  74 Echo (ping) request  id=0x081d, seq=5/1280, ttl=127 (reply in 61)
61 79.625000  10.10.10.2        1.1.1.3           ICMP  74 Echo (ping) reply    id=0x081d, seq=5/1280, ttl=254 (request in 60)
```

图 7-16　在 FW1 上抓包

（6）在 PC 上执行命令 ping 10.10.10.2-t，然后将 FW1 的 GE 1/0/3 接口网线拨出（通过执行 shutdown 命令进行模拟），观察 FW 状态切换及 ping 包丢包情况。FW1 上执行

shutdown 命令如下：

```
HRP_M[FW1-GigabitEthernet1/0/3]shutdown
```

FW1 状态切换如图 7-17 所示，由 master 设备更换为 slave 设备。

```
HRP_M[FW1-GigabitEthernet1/0/3]shutdown
HRP_M[FW1-GigabitEthernet1/0/3]
HRP_S[FW1-GigabitEthernet1/0/3]
```

图 7-17　FW1 状态切换

FW2 状态切换如图 7-18 所示，由 slave 设备更换为 master 设备。

```
HRP_S<FW2>
HRP_M<FW2>
```

图 7-18　FW2 状态切换

在切换的瞬间，观察到有丢包，属正常现象，但后续马上正常恢复，证明主备切换成功，如图 7-19 所示。

```
From 10.10.10.2: bytes=32 seq=41 ttl=253 time=62 ms
From 10.10.10.2: bytes=32 seq=42 ttl=253 time=47 ms
From 10.10.10.2: bytes=32 seq=43 ttl=253 time=47 ms
From 10.10.10.2: bytes=32 seq=44 ttl=253 time=93 ms
From 10.10.10.2: bytes=32 seq=45 ttl=253 time=63 ms
From 10.10.10.2: bytes=32 seq=46 ttl=253 time=62 ms
From 10.10.10.2: bytes=32 seq=47 ttl=253 time=94 ms
From 10.10.10.2: bytes=32 seq=48 ttl=253 time=78 ms
From 10.10.10.2: bytes=32 seq=49 ttl=253 time=78 ms
From 10.10.10.2: bytes=32 seq=50 ttl=253 time=63 ms
Request timeout!
From 10.10.10.2: bytes=32 seq=52 ttl=253 time=62 ms
From 10.10.10.2: bytes=32 seq=53 ttl=253 time=78 ms
From 10.10.10.2: bytes=32 seq=54 ttl=253 time=79 ms
From 10.10.10.2: bytes=32 seq=55 ttl=253 time=93 ms
From 10.10.10.2: bytes=32 seq=56 ttl=253 time=63 ms
```

图 7-19　状态切换过程中的丢包现象

（7）将 FW1 的 GE 1/0/3 接口网线恢复（通过执行 undo shutdown 命令模拟），观察 FW 状态切换及 ping 包丢包情况。

FW1 状态切换时，由 slave 设备更换为 master 设备，时延 60s，如图 7-20 所示，表示抢占成功。

```
HRP_S[FW1-GigabitEthernet1/0/3]undo shutdown
HRP_S[FW1-GigabitEthernet1/0/3]
HRP_S[FW1-GigabitEthernet1/0/3]
HRP_M[FW1-GigabitEthernet1/0/3]
```

图 7-20　FW1 状态切换

FW2 状态切换时，由 master 设备更换为 slave 设备，如图 7-21 所示。

在切换的瞬间，观察到有丢包，属正常现象，但后续马上恢复正常，证明主设备抢占成功，如图 7-22 所示。

```
HRP_S<FW2>
```

图 7-21　FW2 状态切换

```
From 10.10.10.2: bytes=32 seq=1210 ttl=253 time=78 ms
From 10.10.10.2: bytes=32 seq=1211 ttl=253 time=63 ms
From 10.10.10.2: bytes=32 seq=1212 ttl=253 time=94 ms
From 10.10.10.2: bytes=32 seq=1213 ttl=253 time=62 ms
From 10.10.10.2: bytes=32 seq=1214 ttl=253 time=94 ms
From 10.10.10.2: bytes=32 seq=1215 ttl=253 time=78 ms
From 10.10.10.2: bytes=32 seq=1216 ttl=253 time=94 ms
From 10.10.10.2: bytes=32 seq=1217 ttl=253 time=94 ms
From 10.10.10.2: bytes=32 seq=1218 ttl=253 time=62 ms
Request timeout!
Request timeout!
From 10.10.10.2: bytes=32 seq=1221 ttl=253 time=78 ms
From 10.10.10.2: bytes=32 seq=1222 ttl=253 time=78 ms
From 10.10.10.2: bytes=32 seq=1223 ttl=253 time=78 ms
From 10.10.10.2: bytes=32 seq=1224 ttl=253 time=78 ms
From 10.10.10.2: bytes=32 seq=1225 ttl=253 time=63 ms
From 10.10.10.2: bytes=32 seq=1226 ttl=253 time=63 ms
```

图 7-22　状态切换过程中的丢包现象

习　题

（1）（单选题）在防火墙上部署双机热备时，为实现 VRRP 备份组整体状态切换，需要使用以下（　　）协议。

A. VRRP　　　　　B. VGMP　　　　　C. HRP　　　　　D. OSPF

（2）（单选题）以下（　　）不属于防火墙双机热备需要具备的条件。

A. 防火墙硬件型号一致

B. 防火墙软件版本一致

C. 使用的接口类型及编号一致

D. 防火墙接口 IP 地址一致

（3）（多选题）关于防火墙双机热备的描述，下列（　　）选项是正确的。

A. 当防火墙上多个区域需要提供双机备份功能时，需要在防火墙上配置多个 VRRP 备份组

B. 要求同一台防火墙上同一 VGMP 管理组所有 VRRP 备份组状态保持一致

C. 防火墙双机热备需要进行会话表、MAC 表、路由表等信息在主设备和从设备同步备份

D. VGMP 用于保证所有 VRRP 备份组切换的一致性

（4）（简答题）VGMP 组的基本运行原则是什么？

（5）（简答题）双机热备的备份方式有哪些？适用场景分别是什么？

思政聚焦：点亮青春　为国争光

世界技能大赛是目前世界地位较高、规模和影响力较大的职业技能赛事,也被誉为"世界技能奥林匹克",该赛事的竞技水平代表了当前职业技能发展的世界先进水平。2022 年世界技能大赛特别赛上,中国代表团在参加的 34 个项目上共赢得 21 枚金牌、3 枚银牌、4 枚铜牌和 5 个优胜奖,位列金牌榜第一。这也是我国自 2011 年首次参赛以来,连续3 届获得金牌榜和团体总分第一名,成功踏入世界技能竞技第一方阵。

浙江建设技师学院的马宏达在抹灰与隔墙系统项目中斩获金牌,实现了中国队在该项目上金牌零的突破。马宏达备赛期间,每天的训练时间远远多于其他人,用刻苦的训练精进技艺和技能最终实现了梦想。漯河技师学院的侯坤鹏和唐高远在移动机器人（双人）项目中斩获金牌,2021 年两个人为备赛几乎一年未回家,整日在实训室中认真训练。江西环境工程职业学院的李德鑫在家具制作项目上斩获金牌,这也是我国自参赛以来在该项目上首次获得金牌。广州市工贸技师学院的杨书明勇于付诸实践,坚持不懈,成为该学校移动应用开发项目首位金牌获得者。广东省机械技师学院的吴鸿宇不断开拓,追求卓越,斩获了数控项目金牌。深圳技师学院的陈新源脚踏实地,埋头苦干,最终斩获云计算项目金牌。

用刻苦的训练精进技艺,用不懈的奋斗书写青春。我国本次参赛的 36 名选手全部来自职业院校,平均年龄 22 岁,最大的 24 岁,最小的 20 岁。这些 20 岁出头的有志青年,在世赛的舞台上挥洒汗水,激扬青春,发扬执着专注、精益求精、一丝不苟的工匠精神,尽情展现高超技能,在领奖台上身披国旗,代表中国接受来自全世界的赞誉。这一刻,他们不仅实现了技能成才的梦想,也用自己的奋斗拼搏实现了技能报国的心愿。

项目8 双机热备——负载分担模式

在项目7中,小蔡已经将两个防火墙部署成了主备的方式。流量通过原来的防火墙(主防火墙)正常转发,当主防火墙出现故障时,备用防火墙替换原来的防火墙进行工作,从而保证业务不中断。同一时刻只有一台防火墙在工作,另一台防火墙处于备用状态。但是随着公司人员的不断增多,同一时刻一台防火墙转发流量有时会让网络出现拥堵以及上网速率下降等问题。

为了让两台防火墙能够共同转发流量,同时,当其中一台防火墙出现故障时,另一台防火墙转发全部业务,保证业务不中断。项目经理给小蔡安排了新的配置任务,需要将两个防火墙配置为双机热备——负载分担模式进行工作。

双机热备——负载分担模式示意图 8-1 如下,两台防火墙的业务接口都工作在三层,上下行分别连接二层交换机。两台防火墙互为主备,同一时刻同时分担流量。

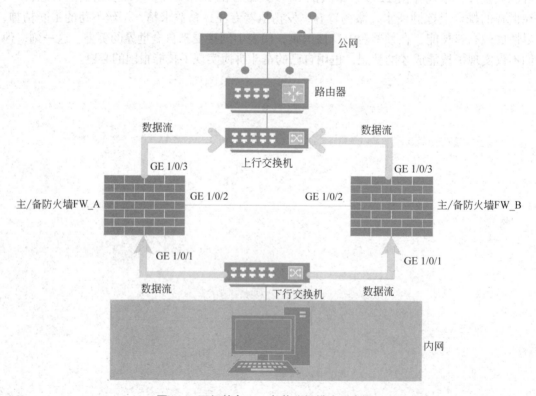

图 8-1 双机热备——负载分担模式示意图

8.1　知 识 引 入

8.1.1　基本原理

在负载分担场景下，两台防火墙均为主用设备，都建立会话和处理业务流量。同时两台防火墙又相互作为对方的备用设备，接受对方备份的会话和配置信息。当其中一台防火墙故障后，另一台防火墙会负责处理全部业务流量。由于这两台防火墙的会话信息是相互备份的，因此全部业务流量的后续报文都能够在其中一台防火墙上匹配到会话从而正常转发，这样就避免了网络业务的中断。

对于 USG2000/5000/6000 系列防火墙中的每台防火墙均提供两个 VGMP 组：Active 组和 Standby 组。默认情况下，Active 组的优先级为 65001，状态为 Active；Standby 组的优先级为 65000，状态为 Standby。

负载分担模式下，两台设备都启用 Active 组和 Standby 组，每台设备上的所有成员（例如 VRRP 备份组）分别加入 Active 组和 Standby 组。FW_A 的 Active 组和 FW_B 的 Standby 组形成一组"主备"，FW_B 的 Active 组和 FW_A 的 Standby 组形成一组"主备"，两台防火墙互为"主备"，形成负载分担。

这里与主备模式不同。主备备份情况下，主用设备启用 Active 组，所有成员（例如 VRRP 备份组）加入 Active 组；备用设备启用 Standby 组，所有成员加入 Standby 组。

负载分担状态形成后，FW_A 的 Active 组会定期向 FW_B 的 Standby 组发送 HRP 心跳报文，FW_B 的 Active 组会定期向 FW_A 的 Standby 组发送 HRP 心跳报文。

两台防火墙形成负载分担方式的双机热备后，如果其中一台防火墙的接口故障，那么它们将切换成主备备份状态。负载分担切换成主备备份状态后，主用设备会定时向备用设备发送心跳报文。

8.1.2　快速备份

负载分担场景下，由于两台防火墙都是主用设备，都能转发报文，所以可能存在报文的来回路径不一致的情况，即来回两个方向的报文分别从不同的防火墙经过。这时如果两台防火墙的状态信息没有及时相互备份，则回程报文会因为没有匹配到状态信息而被丢弃，从而导致业务中断。

如图 8-2 所示，内网 PC 访问公网的报文通过 FW_A 转发，并建立会话。由于来回路径不一致，公网返回给 PC 的回程报文转发到 FW2。这时如果只启用了自动备份功能，则 FW_A 的会话还没有来得及备份到 FW_B 上，这就导致回程报文无法在 FW_B 上匹配会话而被 FW_B 丢弃，从而造成业务中断。

为了防止上述现象的发生，需要在负载分担组网下配置快速会话备份功能，使两台防火墙能够实时地相互备份状态信息，使回程报文能够查找到相应的状态信息表项，从而保证内外部用户的业务不中断。

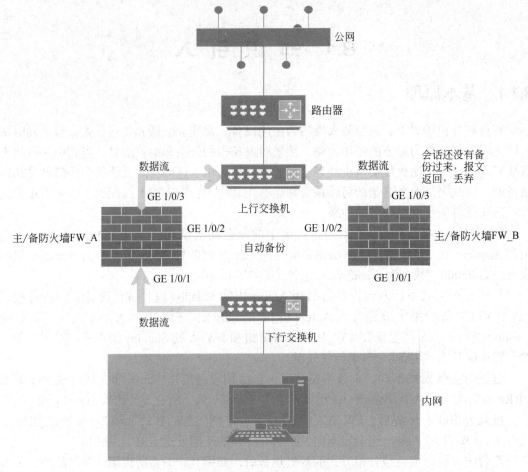

图 8-2　负载分担模式——自动备份场景

如果启用了会话快速备份功能，则 FW_A 上产生的会话会立即备份到 FW_B 上，这样回程报文就能在 FW_B 上匹配到会话，从而被正常转发到 PC，如图 8-3 所示。

8.1.3　关键配置命令

1. 配置 VRRP 备份组

负载分担场景下，每个业务接口都需要加入两个 VRRP 备份组，且这两个 VRRP 备份组要分别加入 Active 组和 Standby 组。以防火墙 FW_A 为例，其 GE 1/0/1 接口加入备份组 1 和备份组 2，备份组 1 和备份组 2 分别加入了 Active 组和 Standby 组。其 GE 1/0/3 接口加入备份组 3 和备份组 4，备份组 3 和备份组 4 分别加入 Active 组和 Standby 组。FW_B 同样需要加入 4 个备份组，其配置和 FW_A 形成镜像关系。

以下配置参考命令是将 FW_A 的 GigabitEthernet 1/0/1 接口加入备份组 1 和备份组 2，并将备份组 1 和备份组 2 分别加入 Active 组和 Standby 组。

```
[FW_A] interface GigabitEthernet 1/0/1
[FW_A-GigabitEthernet1/0/1] vrrp vrid 1 virtual-ip 1.1.1.3 24 active
[FW_A-GigabitEthernet1/0/1] vrrp vrid 2 virtual-ip 1.1.1.4 24 standby
[FW_A-GigabitEthernet1/0/1] quit
```

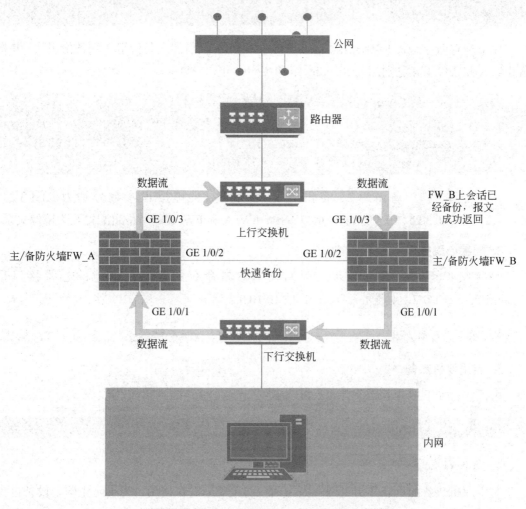

图 8-3　负载分担模式——快速备份场景

以下配置参考命令是将 FW_A 的 GigabitEthernet 1/0/3 接口加入备份组 3 和备份组 4，并将备份组 3 和备份组 4 分别加入 Active 组和 Standby 组。

```
[FW_A] interface GigabitEthernet 1/0/3
[FW_A-GigabitEthernet1/0/3] vrrp vrid 3 virtual-ip 10.3.0.3 24 active
[FW_A-GigabitEthernet1/0/3] vrrp vrid 4 virtual-ip 10.3.0.4 24 standby
[FW_A-GigabitEthernet1/0/3] quit
```

以下配置参考命令是将 FW_B 的 GigabitEthernet 1/0/1 接口加入备份组 1 和备份组 2，

并将备份组 1 和备份组 2 分别加入 Standby 组和 Active 组。

```
[FW_B] interface GigabitEthernet 1/0/1
[FW_B-GigabitEthernet1/0/1] vrrp vrid 1 virtual-ip 1.1.1.3 24 standby
[FW_B-GigabitEthernet1/0/1] vrrp vrid 2 virtual-ip 1.1.1.4 24 active
[FW_B-GigabitEthernet1/0/1] quit
```

以下配置命令是将 FW_B 的 GigabitEthernet 1/0/3 接口加入备份组 3 和备份组 4，并将备份组 3 和备份组 4 分别加入 Standby 组和 Active 组。

```
[FW_B] interface GigabitEthernet 1/0/3
[FW_B-GigabitEthernet1/0/3] vrrp vrid 3 virtual-ip 10.3.0.3 24 standby
[FW_B-GigabitEthernet1/0/3] vrrp vrid 4 virtual-ip 10.3.0.4 24 active
[FW_B-GigabitEthernet1/0/3] quit
```

其中备份组 1、备份组 2、备份组 3、备份组 4 的虚拟 IP 参数分别为 1.1.1.3/24、1.1.1.4/24、10.3.0.3/24、10.3.0.4/24。可以看出，FW_A 和 FW_B 的备份组配置互为镜像关系。

2. 配置心跳接口

心跳接口用来做数据同步。例如以下参考命令的意思是本地的心跳接口是 GigabitEthernet 1/0/2，对端心跳接口 IP 是 10.10.0.2。

```
[FW_A] hrp interface GigabitEthernet 1/0/2 remote 10.10.0.2
```

3. 启用双机热备

可以执行如下的参考命令启动双机热备：

```
[FW1] hrp enable
```

4. 源 NAT 配置

对于双机热备的负载分担组网，因为两台防火墙同时在使用，为了防止两台设备进行 NAT 转换时端口冲突，需要在 FW_A 和 FW_B 上分别配置可用的端口范围。在 FW_A 上进行如下配置：

```
HRP_M[FW_A] hrp nat resource primary-group
```

在 FW_B 上进行如下配置：

```
HRP_S[FW_B] hrp nat resource secondary-group
```

5. 启用快速备份配置

```
<sysname> system-view
```

```
[sysname] hrp mirror session enable
```

注意： 开启会话快速备份后，会话备份的频率会加大，对设备性能会有一定影响。

说明： 负载分担模式下，HRP_M 和 HRP_S 以上并非说明防火墙的主备关系，因为防火墙是互为主备。这里标识相当于只是起到配置限制区分的作用，只可以在 HRP_M 防火墙上进行安全策略、NAT 策略等配置，而 HRP_S 防火墙则限制配置，防止两台防火墙上可以同时配置不同步。

8.2　任务 1：仿真拓扑设计

8.2.1　任务说明

根据案例场景中的需求，使用 eNSP 设计以下拓扑图，如图 8-4 所示。FW_A 和 FW_B 互为主备防火墙。上行交换机连接运营商的接入点，运营商为企业分配的 IP 地址为 1.1.1.5。防火墙安全区域划分，将 GE 1/0/1 接口加入 Untrust 区域，将 GE 1/0/2 接口加入 DMZ 区域，将 GE 1/0/3 接口加入 Trust 区域。主防火墙上配置 NAPT 的方式访问外网，其地址池地址范围是 1.1.2.5~1.1.2.8。上下行各有两个 VRRP 备份组，分别是 VRRP 备份组 1、VRRP 备份组 2、VRRP 备份组 3、VRRP 备份组 4。PC1、PC2 用来模拟内网用户，Server1 用来模拟公网用户，其他各网络参数信息见拓扑图。

任务 1　仿真拓扑设计

对 PC1、PC2、Server1、路由器进行基础网络配置，在内网的部分 PC 上将 VRRP 备份组 3 的地址 10.3.0.3 设置为默认网关，在内网的另一部分 PC 上将 VRRP 备份组 4 的地址 10.3.0.4 设置为默认网关，从而实现内网流量的负载分担。

8.2.2　配置思路

与双机热备配置方式一致，负载分担模式的配置也与网络拓扑结构有关系。在本案例场景中，属于防火墙业务接口工作在三层，上下行连接交换机的应用场景，配置思路主要有以下几个步骤：

（1）完成网络基本配置，包括接口、安全区域、路由、安全策略等；

（2）配置 VGMP 监控接口；

（3）配置心跳接口；

（4）启用双机热备；

（5）配置备份方式；

（6）配置安全业务。

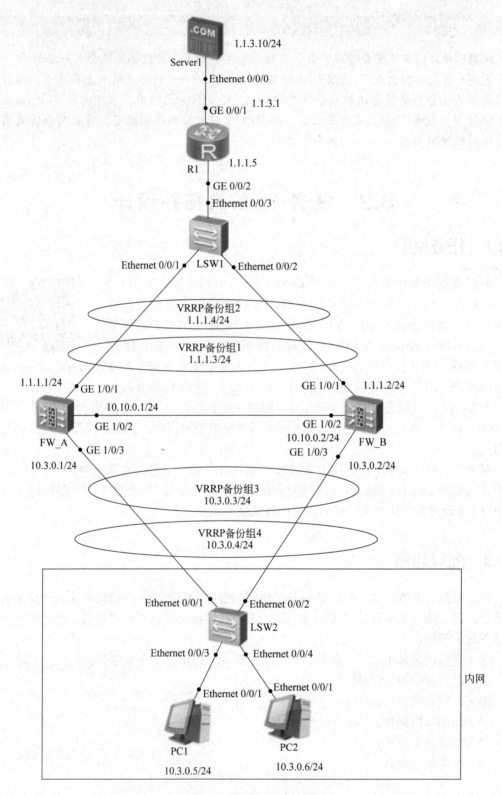

图 8-4　案例场景拓扑图

8.3 任务 2：外围设备基础配置

8.3.1 任务说明

对 PC1、Server1、路由器进行网络基础配置。

8.3.2 任务实施过程

任务 2 外围
设备基础配置

（1）配置 PC1 网络基本参数，注意 PC1 的网关地址是 10.3.0.3，如图 8-5 所示。

图 8-5 PC1 网络参数配置图

（2）配置 PC2 网络基本参数，注意 PC2 的网关地址是 10.3.0.4，如图 8-6 所示。

图 8-6 PC2 网络参数配置图

（3）配置 Server1 网络基本参数，如图 8-7 所示。

<table>
<tr><td colspan="3">🖥️ Server1　　　　　　　　　　　　　　　　　　　　　　　　　　─　□　X</td></tr>
<tr><td colspan="3">　基础配置　　服务器信息　　日志信息</td></tr>
</table>

Mac地址：	54-89-98-D4-5E-A1	（格式:00-01-02-03-04-05）

IPV4配置

本机地址：	1 . 1 . 3 . 10	子网掩码：	255 . 255 . 255 . 0
网关：	1 . 1 . 3 . 1	域名服务器：	0 . 0 . 0 . 0

PING测试

目的IPV4：	. . .	次数：		发送

本机状态：	设备启动	ping 成功: 0　失败: 8
		保存

图 8-7　Server1 网络参数配置图

（4）配置路由器基本网络参数，配置参考命令如下：

```
#
interface GigabitEthernet0/0/1
  ip address 1.1.3.1 255.255.255.0
#
interface GigabitEthernet0/0/2
  ip address 1.1.1.5 255.255.255.0
#
```

（5）路由器静态路由配置，配置使用地址 1.1.1.4 或 1.1.1.3 都可以，参考配置命令如下：

```
#
ip route-static 0.0.0.0 0.0.0.0 1.1.1.4
#
```

8.4　任务 3：FW_A 配置

8.4.1　任务说明

对 FW_A 进行相关配置，主要包括安全区域划分和网络基础配置、双机热备相关配置、业务策略配置、源 NAT 策略配置。

任务 3　FW_A 配置

8.4.2 任务实施过程

1. 安全区域划分和网络基础配置

（1）配置防火墙相关端口网络基本参数。配置参考命令如下：

```
#
interface GigabitEthernet1/0/1
  undo shutdown
  ip address 1.1.1.1 255.255.255.0
#
interface GigabitEthernet1/0/2
  undo shutdown
ip address 10.10.0.1 255.255.255.0
#
interface GigabitEthernet1/0/3
  shutdown
  ip address 10.3.0.1 255.255.255.0
#
```

（2）防火墙安全区域划分，将 GE 1/0/1 接口加入 Untrust 区域，将 GE 1/0/2 接口加入 DMZ 区域，将 GE 1/0/3 接口加入 Trust 区域。配置参考命令如下：

```
#
firewall zone trust
  set priority 85
  add interface GigabitEthernet1/0/3
#
firewall zone untrust
  set priority 5
  add interface GigabitEthernet1/0/1
#
firewall zone dmz
  set priority 50
  add interface GigabitEthernet1/0/2
```

（3）防火墙静态路由配置，配置参考命令如下：

```
#
ip route-static 0.0.0.0 0.0.0.0 1.1.1.5
#
```

2. 双机热备相关配置

（1）在 GigabitEthernet 1/0/1 接口上 VRRP 备份组配置。配置参考命令如下：

```
#
interface GigabitEthernet1/0/1
  undo shutdown
  ip address 1.1.1.1 255.255.255.0
  vrrp vrid 1 virtual-ip 1.1.1.3 active
  vrrp vrid 2 virtual-ip 1.1.1.4 standby
#
```

（2）在 GigabitEthernet 1/0/3 接口上 VRRP 备份组配置。配置参考命令如下：

```
#
interface GigabitEthernet1/0/3
  undo shutdown
  ip address 10.3.0.1 255.255.255.0
  vrrp vrid 3 virtual-ip 10.3.0.3 active
  vrrp vrid 4 virtual-ip 10.3.0.4 standby
#
```

（3）在 FW_A 上配置会话快速备份功能，指定心跳口并启用双机热备功能。负载分担组网下，两台 FW 都转发流量。为了防止来回路径不一致，需要在两台 FW 上都配置会话快速备份功能。配置参考命令如下：

```
[FW_A] hrp mirror session enable
```

（4）指定心跳口并启用双机热备功能，配置参考命令如下：

```
[FW_A] hrp interface GigabitEthernet 1/0/2 remote 10.10.0.2
[FW_A] hrp enable
```

（5）防火墙 hrp 功能生效，此时查看命令行，可见防火墙状态改为如图 8-8 所示。

```
HRP_M[FW_A]
```

图 8-8　查看防火墙状态

说明：HRP_M 并非说明 FW_A 是主防火墙，而只是配置限制，只允许在此防火墙上进行安全业务等配置，防止两台防火墙上同时配置错乱。

注意：以下安全策略配置和 NAT 策略配置步骤请在任务 4 完成后再进行配置，便于命令同步到 FW_B 上。

3. 安全策略配置

（1）配置安全规则，该安全策略的作用是配置 Local 区域与心跳接口所在安全区域间的安全策略的动作为允许，配置参考命令如下：

```
#
rule name local-dmz
```

```
  source-zone dmz
  source-zone local
  destination-zone dmz
  destination-zone local
  action permit
#
```

（2）配置业务规则，该安全策略的作用是放行 Trust 区域到 Untrust 区域的流量。配置参考命令如下：

```
#
rule name trust_to_untrust
  source-zone trust
  destination-zone untrust
  action permit
#
```

说明： 双机热备状态成功建立后，FW_A 的安全策略配置会快速备份到 FW_B 上。安全策略只需要在 FW_A 上进行配置。

4. NAT 策略配置

（1）对于双机热备的负载分担组网，因为两台防火墙同时在使用，为了防止两台设备进行 NAT 转换时端口冲突，需要在 FW_A 和 FW_B 上分别配置可用的端口范围。在 FW_A 上进行如下配置：

```
HRP_M[FW_A] hrp nat resource primary-group
```

（2）地址池配置参考命令如下：

```
#
nat address-group group1 0
  mode pat
  section 0 1.1.2.5 1.1.2.8
#
```

（3）当内网用户访问 Internet 时，将源地址由 10.3.0.0/16 网段转换为地址池中的地址（1.1.1.3~1.1.1.5）。配置参考命令如下：

```
#
nat-policy
rule name policy_nat1
  source-zone trust
  destination-zone untrust
  source-address 10.3.0.0 mask 255.255.0.0
  action source-nat address-group group1
#
```

说明：双机热备状态成功建立后，FW_A 的 NAT 策略配置会快速备份到 FW2 上。NAT 策略只需要在 FW_A 上进行配置。

8.5　任务 4：FW_B 配置

8.5.1　任务说明

对 FW_B 进行相关配置，主要包括安全区域划分和网络基础配置、双机热备相关配置。

任务 4　FW_B 配置

8.5.2　任务实施过程

（1）配置防火墙相关端口网络基本参数，配置参考命令如下：

```
#
interface GigabitEthernet1/0/1
  undo shutdown
  ip address 1.1.1.2 255.255.255.0
#
interface GigabitEthernet1/0/2
  undo shutdown
  ip address 10.10.0.2 255.255.255.0
#
interface GigabitEthernet1/0/3
  undo shutdown
  ip address 10.3.0.2 255.255.255.0
#
```

（2）防火墙安全区域划分，将 GE 1/0/1 接口加入 Untrust 区域，将 GE 1/0/2 接口加入 DMZ 区域，将 GE 1/0/3 接口加入 Trust 区域。配置参考命令如下：

```
#
firewall zone trust
  set priority 85
  add interface GigabitEthernet1/0/3
#
firewall zone untrust
  set priority 5
  add interface GigabitEthernet1/0/1
#
firewall zone dmz
  set priority 50
```

```
add interface GigabitEthernet1/0/2
```

（3）防火墙静态路由配置。配置参考命令如下：

```
#
ip route-static 0.0.0.0 0.0.0.0 1.1.1.5
#
```

注意：双机热备状态成功建立后，FW_A 的安全策略和 NAT 策略会自动备份到 FW_B 上，所以 FW_B 上无须配置安全策略和 NAT 策略。

（4）对于双机热备的负载分担组网，为了防止两台设备进行 NAT 转换时端口冲突，需要在 FW_A 和 FW_B 上分别配置可用的端口范围。在 FW_B 上进行如下配置：

```
HRP_M[FW_B] hrp nat resource secondary-group
```

（5）在 GigabitEthernet1/0/1 接口上进行 VRRP 备份组的配置，配置参考命令如下：

```
#
interface GigabitEthernet1/0/1
  undo shutdown
  ip address 1.1.1.2 255.255.255.0
  vrrp vrid 1 virtual-ip 1.1.1.3 standby
  vrrp vrid 2 virtual-ip 1.1.1.4 active
#
```

（6）在 GigabitEthernet1/0/3 接口上进行 VRRP 备份组的配置，配置参考命令如下：

```
#
interface GigabitEthernet1/0/3
  undo shutdown
  ip address 10.3.0.2 255.255.255.0
  vrrp vrid 3 virtual-ip 10.3.0.3 standby
  vrrp vrid 4 virtual-ip 10.3.0.4 active
#
```

（7）在 FW_B 上配置会话快速备份功能，指定心跳口并启用双机热备功能。负载分担组网下，两台 FW 都转发流量。为了防止来回路径不一致，需要在两台 FW 上都配置会话快速备份功能。配置参考命令如下：

```
[FW_B] hrp mirror session enable
```

（8）指定心跳口并启用双机热备功能，配置参考命令如下：

```
[FW1] hrp interface GigabitEthernet 1/0/2 remote 10.10.0.1
[FW1] hrp enable
```

（9）防火墙 hrp 功能生效，查看命令行，可见防火墙状态改为如图 8-9 所示。

```
HRP_S[FW_B]
```

图 8-9　查看防火墙状态

说明： HRP_S 并非说明 FW_B 是备防火墙，而只是配置限制，不允许在此防火墙上进行安全业务等配置，防止两台防火墙上同时配置错乱。

8.6　任务 5：验证

8.6.1　任务说明

对需求进行验证，首先通过内网分别配置不同的虚拟网关测试两个防火墙负载分担的功能；然后模拟接口故障，测试双机切换的功能；最后模拟故障恢复测试恢复负载分担的功能。

任务 5　验证

8.6.2　任务实施过程

（1）在 FW_A 上执行 display vrrp 命令，检查 VRRP 组内接口的状态信息，显示以下信息表示 VRRP 组建立成功。FW_B 上与此互为镜像关系，请自行查看，如图 8-10 和图 8-11 所示。

```
HRP_M[FW_A]dis vrrp
2022-11-15 02:56:00.450
 GigabitEthernet1/0/1 | Virtual Router 1
   State : Master
   Virtual IP : 1.1.1.3
   Master IP : 1.1.1.1
   PriorityRun : 120
   PriorityConfig : 100
   MasterPriority : 120
   Preempt : YES   Delay Time : 0 s
   TimerRun : 60 s
   TimerConfig : 60 s
   Auth type : NONE
   Virtual MAC : 0000-5e00-0101
   Check TTL : YES
   Config type : vgmp-vrrp
   Backup-forward : disabled
   Create time : 2022-11-15 00:28:59
   Last change time : 2022-11-15 01:12:16

 GigabitEthernet1/0/1 | Virtual Router 2
   State : Backup
   Virtual IP : 1.1.1.4
   Master IP : 1.1.1.2
   PriorityRun : 120
   PriorityConfig : 100
   MasterPriority : 120
   Preempt : YES   Delay Time : 0 s
   TimerRun : 60 s
   TimerConfig : 60's
   Auth type : NONE
   Virtual MAC : 0000-5e00-0102
   Check TTL : YES
   Config type : vgmp-vrrp
   Backup-forward : disabled
   Create time : 2022-11-15 00:28:59
   Last change time : 2022-11-15 01:13:27
```

图 8-10　VRRP 组建立成功

图 8-11　VRRP 组建立成功

（2）在 FW_A 上执行 display hrp state verbose 命令，检查当前 VGMP 组的状态，显示以下信息表示双机热备建立成功。FW_B 上与此互为镜像关系，请自行查看，如图 8-12 所示。

图 8-12　双机热备建立成功

（3）PC1 和 PC2 可同时访问 Server1，结果如图 8-13 所示。

图 8-13　PC1 与 PC2 访问 Server1

（4）使用 Wireshark 分别在 LSW2 Ethnet 0/0/1 接口和 LSW2 Ethnet 0/0/2 接口抓包，可以看到负载已经分流，均有数据包，PC1 流量通过 FW_A，PC2 流量通过 FW_B，如图 8-14 所示。

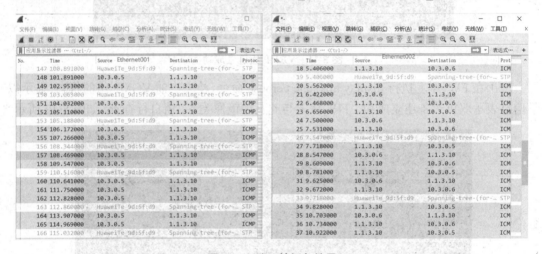

图 8-14　端口转抓包结果

同时，由图 8-14 可以看出回应报文都走 FW_B，这是因为路由器的静态路由下一跳是 VRRP 备份组 2 的虚拟 IP 的缘故。

（5）分别在 FW_A GE 1/0/1 接口和 FW_B GE 1/0/1 接口抓包查看 NAT 转换情况，可以看出 PC1 的源 IP 转换为地址池中地址 1.1.2.7，PC2 的源 IP 转换为地址池中地址 1.1.2.8，如图 8-15 所示。

（6）模拟 FW_A 设备故障。在 PC 上执行 ping 10.10.10.2–t，然后将 FW_A 的 GE 1/0/3 接口网线拔出（通过执行 shutdown 命令模拟），观察防火墙状态切换情况。FW_A 上执行 shutdown 命令如下：

```
HRP_M[FW1-GigabitEthernet1/0/3]shutdown
```

FW_A 状态切换如下，如图 8-16 所示。
FW_B 状态切换如下，如图 8-17 所示。

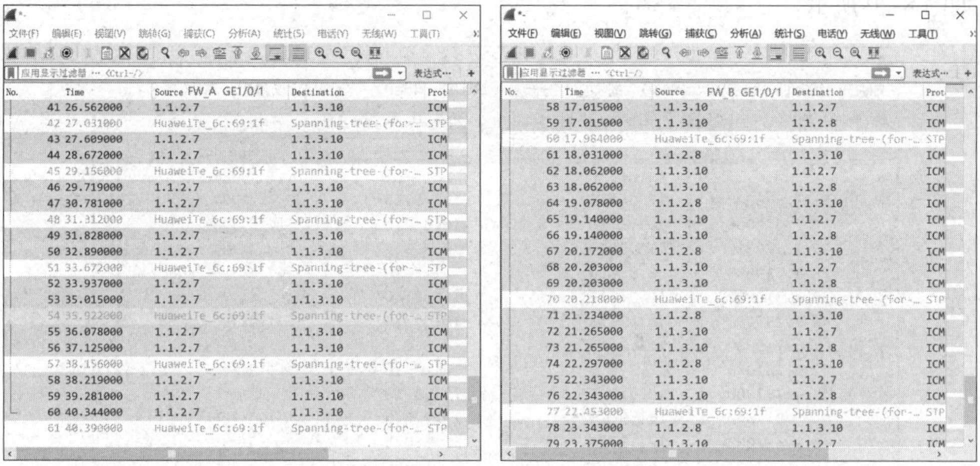

图 8-15　抓包查看 NAT 转换结果

```
HRP_M[FW_A-GigabitEthernet1/0/3]shutdown
HRP_M[FW_A-GigabitEthernet1/0/3]
HRP_S[FW_A-GigabitEthernet1/0/3]
```

```
HRP_M[FW_B]
```

图 8-16　FW_A 状态切换　　　　　　　　　图 8-17　FW_B 状态切换

观察 PC1 和 PC2，能够正常通信，如图 8-18 所示。

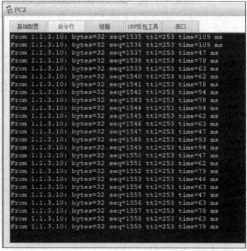

图 8-18　PC1 与 PC2 通信状况

使用 Wireshark 在 LSW2 Ethnet 0/0/2 接口抓包，通过监测流量发现，通往 FW_A 的流量已经中断，PC1 和 PC2 访问流量都转向 FW_B，如图 8-19 所示。

此时两个防火墙工作状态由负载分担转为主备模式。

（7）模拟 FW_A 恢复。将 FW_A 的 GE 1/0/3 接口网线恢复（通过执行 undo shutdown

命令模拟），等待 FW_A 变成 HRP_M 状态，FW_B 变成 HRP_S 状态，此时使用 Wireshark 分别在 LSW2 Ethnet 0/0/1 接口和 LSW2 Ethnet 0/0/2 接口抓包观测两边流量均处于正常状态，如图 8-20 所示。

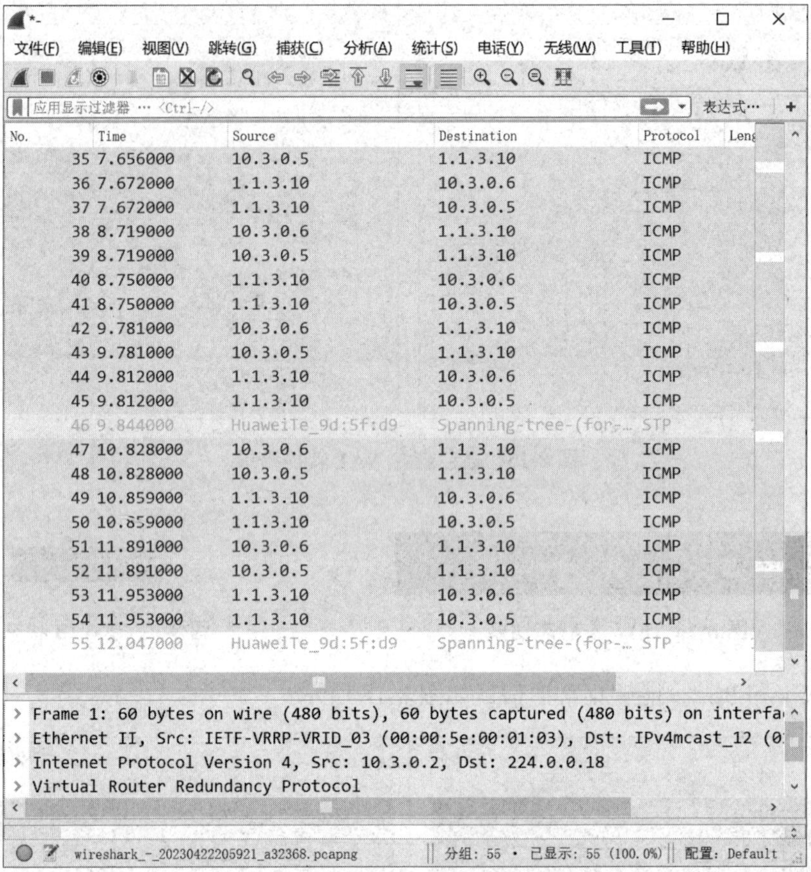

图 8-19　PC1 与 PC2 的访问流量状态

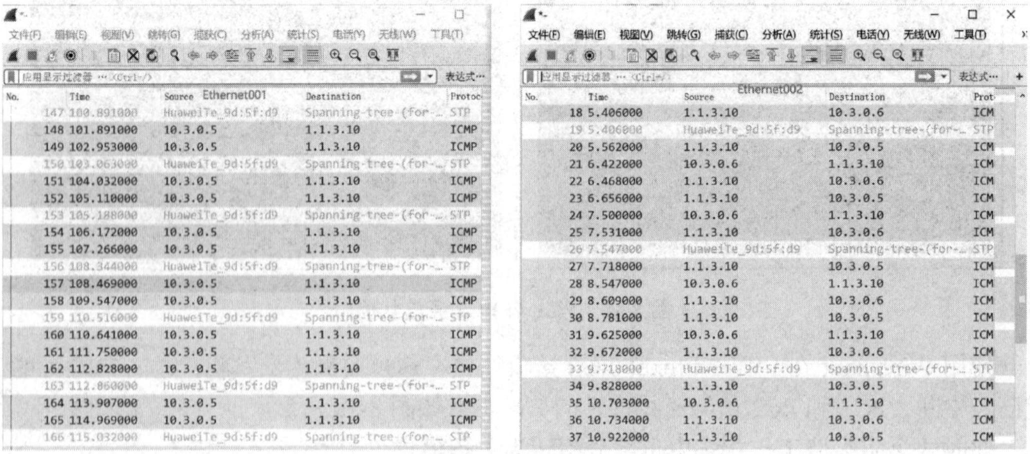

图 8-20　双机恢复为负载分担状态

此时，双机由主备模式恢复为负载分担状态。

习　　题

（1）（判断题）防火墙使用 hrp standby config enable 命令启用备用设备配置功能后，所有可以备份的信息都可以直接在备用设备上进行配置，且备用设备上的配置可以同步到主用设备。（　　　）

（2）（单选题）以下（　　　）不属于防火墙双机热备需要具备的条件。

A. 防火墙硬件型号一致　　　　　　　　B. 防火墙软件版本一致

C. 使用的接口类型及编号一致　　　　　D. 防火墙接口 IP 地址一致

（3）（多选题）以下（　　　）选项属于防火墙双机热备场景的必要配置。

A. hrp enable

B. hrp mirror session enable

C. hrp interface interface-type interface-number

D. hrp preempt [delay interval]

（4）（简答题）简述防火墙双机热备—负载分担的基本原理。

思政聚焦：推进网络强国建设　助力中国式现代化

习近平总书记在党的二十大报告中对加快网络强国、数字中国做出了重要部署，强调"推进国家安全体系和能力现代化，坚决维护国家安全和社会稳定"。网络安全是网络强国和数字中国的基础保证，并且在新一代信息技术的发展中承担着重要的基础支撑作用，也是我国现代化建设体系中不可或缺的重要组成部分。

网络基础设施建设成果突出，达到世界一流水平。据工业和信息化部发布的 2022 年通信统计公报显示：2022 年我国新建 5G 基站 88.7 万个，5G 基站总量已达到 231.2 万个，占全球比例超过 60%，5G 建设在持续深化地级市城区覆盖的同时，正逐步按需向乡镇和农村延伸。截至 2022 年年底，全国 5G 移动用户达 5.61 亿户，占移动电话用户的比例达到 33.3%，是全球平均水平（12.1%）的 2.75 倍。截至 2022 年年底，在固定网络方面，全国光缆线路总长度达 5958 万千米，千兆光网已经具备覆盖超 5 亿家庭的能力；在算力方面，数据中心总机架近 600 万标准机架，算力总规模达 180EFLOPS（每秒 18000 京次浮点运算），算力总规模位居全球第二。北斗导航系统已在 20 多个国家开通高精度服务，总用户数超过 20 亿。

网络核心技术研究不断突破。近年，我国网络核心技术不断实现新的突破，移动通信技术从"3G 突破"到"4G 同步"再到"5G 引领"。在当前全球声明的 5G 标准必要专利中，我国的 5G 专利占 40%，位居全球第一。此外，我国 6G 技术前瞻研发稳步推进，全球近 50% 的 6G 专利申请出自我国，位居世界第一。

网络综合治理体系不断完善。近年来，我国陆续出台了网络安全法、数据安全法、个人信息保护法等法律、法规 100 余部，同时发布了与网络安全相关的 300 余项国家标准，形成了较为完备的网络综合治理体系。

风险与挑战依然存在。推进网络强国建设依然面临很多挑战，网络核心技术还未形成体系。尽管我们在网络强国相关技术领域取得了很多突破，但在底层芯片、操作系统、数据库等领域，与世界先进水平依然存在较大差距。

作为新时代的大学生，我们要切实把党的二十大精神转化为奋力推进网络强国建设的伟大进程中，矢志成为有理想、敢担当、能吃苦、肯奋斗的新时代好青年。

项目 9　GRE–VPN

CY 公司的分公司与总部在不同的城市，因为业务关系，分公司需要连接总部内部网络进行数据通信，比如访问总部的数据服务器、OA 服务器等，如图 9-1 所示。总部有时候也需要访问分支机构内部的某些资源。

但是分支结构和总部内网都属于私网，私网 IP 并不能直接在公网上进行路由，如何让私网 IP 跨越公网进行数据通信，并且保证数据传输的安全呢？项目经理叫来小蔡，让他协助分公司解决这个问题。

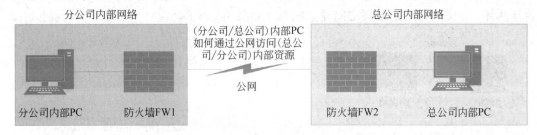

图 9-1　分公司和总公司相互访问示意图

9.1　知　识　引　入

9.1.1　VPN 概述

1. VPN 概念

VPN（virtual private network，虚拟私有网络）是指在公用网络上建立一个私有的、专用的虚拟通信网络，数据通过安全的"加密管道"在公共网络中传播，广泛应用于企业网络中分支机构和出差员工连接公司总部网络的场景。

2. VPN 分类

VPN 可以按照以下几种方式进行分类。

（1）按照建设单位。根据 VPN 网络端点设备（关键设备）由运营商提供，还是由企业自己提供来划分，可以分为租用运营商 VPN 专线搭建企业 VPN 网络和用户自建企业

VPN 网络两种方式。

　　租用运营商 VPN 专线搭建企业 VPN 网络，主要指企业通过租用运营商提供的 VPN 专线服务实现总部和分部间的通信需求，VPN 网关为运营商所有，运营商的专线网络大多是 MPLS（multiprotocol label switching，多协议标签交换）VPN 专线，如图 9-2 所示。

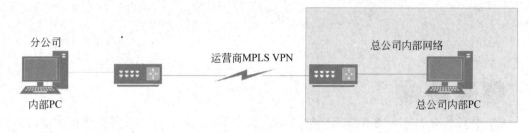

图 9-2　租用运营商 VPN 专线搭建 VPN 网络示意图

　　用户自建企业 VPN 网络，是指企业自己购买 VPN 网络设备，搭建自己的 VPN 网络，实现总部和分部的通信，或者是出差员工和总部的通信。目前最常用的就是基于 Internet 建立企业 VPN 网络，具体技术包括 GRE、L2TP、IPSec、DSVPN、SSL VPN 等。这类方案企业只需要支付设备购买费用和上网费用，没有 VPN 专线租用费用，适用于分公司、合作伙伴、出差员工与总公司之间建立联系，如图 9-3 所示。

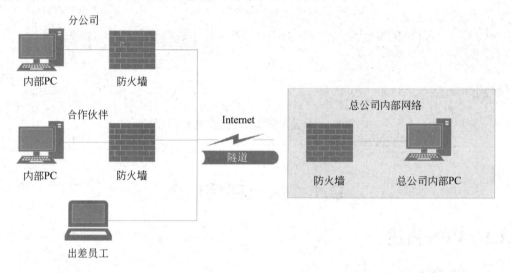

图 9-3　用户自建企业 VPN 网络示意图

　　（2）按照组网方式。按照组网方式的不同，可以分为远程访问 VPN（access VPN）和局域网到局域网的 VPN（site to site VPN）。

　　远程访问 VPN 适用于出差员工拨号接入 VPN 的方式，只要有 Internet，员工就可以通过 VPN 接入访问内网资源，常见的技术如 SSL VPN，L2TP VPN，如图 9-4 所示。

　　站点到站点的 VPN 适用于公司两个异地机构的局域网互联，例如，企业的分部访问总部。常见技术如 GRE VPN、IPSec VPN。本项目 VPN 场景属于这类方式，如图 9-5 所示。

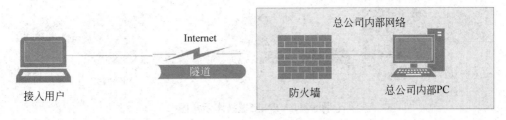

图 9-4　远程访问 VPN 示意图

图 9-5　站点到站点的 VPN 示意图

（3）按照 VPN 技术实现的网络层次。VPN 可以按照网络层次进行划分，如图 9-6 所示。

- 基于数据链路层的 VPN：L2TP。
- 基于网络层的 VPN：GRE、IPSec、DSVPN。
- 基于应用层的 VPN：SSL。

3. VPN 关键技术

VPN 常见的关键技术主要包括以下方面。

- 隧道技术：隧道两端封装、解封装，用以建立数据通道。
- 身份认证：保证接入 VPN 的操作人员的合法性、有效性。

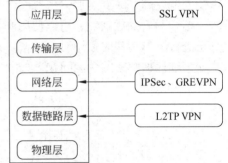

图 9-6　VPN 按照网络层次划分示意图

- 数据认证：数据在网络传输过程中不被非法篡改。
- 加解密技术：保证数据在网络中传输时不被非法获取。
- 密钥管理技术：在不安全的网络中安全地传递密钥。

以下对几种主要技术分别进行说明。

（1）隧道技术。隧道技术是指包括数据封装、传输和解包在内的全过程，也是 VPN 技术的核心。该技术通过使用公用网络的基础设施在网络之间传递数据。采用隧道技术传递的数据（负载）可以是不同协议的数据帧或包。隧道协议将其他协议的数据帧或包重新封装在新的报头中发送。新的包头提供可路由信息，从而使封装的负载数据能够通过公用网传递。被封装的数据包在公共网络上传递时所经过的逻辑路径称为隧道。一旦到达网络终点，数据将被解包并转发到最终目的地。不同的 VPN 技术封装或解封装的过程完全不同。VPN 隧道技术示意图如图 9-7 所示。

（2）身份认证技术。身份认证技术主要应用于移动办公用户远程接入的情况。总部的 VPN 网关对用户的身份进行认证，确保接入内部网络的用户是合法用户，而非恶意用户。不同的 VPN 技术能提供的用户身份认证方法不同。

图 9-7　VPN 隧道技术示意图

常用的身份认证技术有安全口令、PPP 认证协议和使用认证机制的协议三种。

（3）加解密技术。为了保证重要的数据在公共网上传输时的安全，VPN 采用了加密机制。加解密技术在数据通信中是一项较成熟的技术。在现代密码学中，加密算法被分为对称加密算法和非对称加密算法。

对称加密算法采用同一密钥进行加密和解密，优点是速度快，但密钥的分发与交换难以管理。

而采用非对称加密算法进行加密时，通信各方使用两个不同的密钥，一个是只有发送方知道的专用密钥，另一个则是对应的公用密钥，任何人都可以获得公用密钥。专用密钥和公用密钥在加密算法上相互关联，一个用于数据加密，另一个用于数据解密。其优点是密钥安全性高，缺点是加解密速度慢。

结合两者的优缺点，可以使用非对称加密在首次通信时将对称的密钥进行传递，然后真正进行消息传递时使用对称加密。这种混合加密既解决了首次密钥安全的问题，也解决了通信过程加解密的性能问题，如图 9-8 所示。

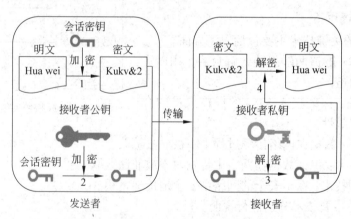

图 9-8　混合加密示意图

9.1.2　GRE-VPN

1. 产生背景

GRE 简称通用路由封装协议（generic routing encapsulation），该协议提供了将一种协议的报文封装在另一种协议报文中的机制，能对某些网络层协议（如 IP、IPX、AppleTalk 等）的数据报进行封装，使这些被封装的数据报能够在另一个网络层协议（如 IP）中传输，异种报文传输的通道称为 Tunnel（隧道）。

GRE 的产生能够解决以下问题。

（1）私有 IP 网络之间无法直接通过 Internet 互通。私有网络中使用的都是私有地址，而在 Internet 上传输的报文必须使用公网地址，如图 9-9 所示。

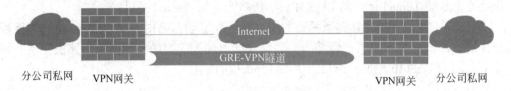

图 9-9　私网之间通过 GRE-VPN 隧道访问示意图

（2）异种网络（IPX、AppleTalk）之间无法通过 Internet 直接进行通信，如图 9-10 所示。

图 9-10　异种网络之间通过 GRE-VPN 隧道访问示意图

2. GRE 的报文封装

GRE 的协议封装格式如图 9-11 所示。

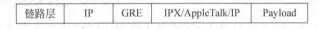

| 链路层 | IP | GRE | IPX/AppleTalk/IP | Payload |

图 9-11　GRE 协议封装格式示意图

GRE 的报文由乘客协议、封装协议和传输协议组成，PayLoad 是原始载荷信息。

IP/IPX/AppleTalk 报文头被称为乘客协议。

GRE 是封装协议，负责承载乘客协议。在新的 IP 报文头和老的 IP/IPX/AppleTalk 报文头中间增加的一个报文头。

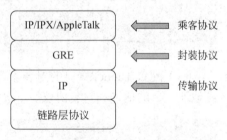

新的 IP 报文头是传输协议，是指在原始封装的数据报文头字段中加入新的 IP 头部，然后由新的 IP 报头在公网中进行传输，公网设备只会查看新的 IP 报头，再进行转发。

乘客协议、封装协议和传输协议的对应关系如图 9-12 所示。

图 9-12　乘客协议、封装协议、运输协议的对应关系

3. GRE 的封装原理

GRE 的封装过程可以细分成两步：第一步是在私网的原始报文前面添加 GRE 头；第二步是在 GRE 头前面再加上新的 IP 头，新的 IP 头中的 IP 地址为公网地址。在防火墙上，封装操作是通过一个逻辑接口来实现的，这个逻辑接口就是 Tunnel 接口。

Tunnel 接口上带有新 IP 头的源地址和目的地址信息，报文进入 Tunnel 接口后，防火墙就会为报文封装 GRE 头和新的 IP 头。

防火墙把报文送到 Tunnel 接口支持如下两种方式。

（1）静态路由：在 GRE 隧道两端的防火墙上配置去往对端私网网段的静态路由，下一跳设置为本端 Tunnel 接口的 IP 地址，出接口为本端 Tunnel 接口。

（2）动态路由：在 GRE 隧道两端的防火墙上配置动态路由，如 OSPF，将私网网段和 Tunnel 接口的地址发布出去，两端防火墙都会学习到去往对端私网网段的路由，下一跳为对端 Tunnel 接口的 IP 地址，出口为本端 Tunnel 接口。

9.1.3 关键配置命令说明

1. 配置 Tunnel 接口

Tunnel 接口是为实现报文的封装而提供的一种点对点类型的虚拟接口，需要将其加入安全区域。隧道接口的封装参数主要包括源地址、目的地址、封装类型、隧道接口 IP 地址等相关配置。

（1）添加隧道虚拟接口 Tunnel1，并配置 IP。以下配置参考命令是配置名为 Tunnel1 的隧道虚拟接口，IP 地址是 172.16.2.1/24。

```
[FW_A] interface Tunnel 1
[FW_A-Tunnel1] ip address 172.16.2.1 24
[FW_A-Tunnel1] quit
```

注意：此处 IP172.16.2.1 并不参与 GRE 封装传输，可以定义任意私网 IP。

（2）将虚拟隧道接口加入安全区域。以下配置参考命令是将定义好的 Tunnel1 接口加入 DMZ 区域。

```
[FW_A] firewall zone dmz
[FW_A-zone-dmz] add interface tunnel 1
[FW_A-zone-dmz] quit
```

（3）配置 Tunnel 接口的封装参数。以下配置参考命令定义了 Tunnel 接口的封装参数源地址、目的地址和封装协议。

```
[FW_A] interface Tunnel 1
[FW_A-Tunnel1] tunnel-protocol gre
[FW_A-Tunnel1] source 1.1.1.1
[FW_A-Tunnel1] destination 5.5.5.5
[FW_A-Tunnel1] gre key cipher 123456
[FW_A-Tunnel1] quit
```

说明：GRE 提供了一定的安全机制，包括关键字验证、校验和验证、Keepalive 机制等。以上命令包含了设置关键字是 123456，同样需要在对端防火墙上设置同样的关键字。两台防火墙在建立隧道时，通过 Key 字段的值来验证对端的身份，只有两端设置的 Key 字段的值完全一致时才能建立隧道。

2. 配置路由

以图 9-13 为例，分公司 PC1 需要访问总公司 PC2，GRE 封装和解封装过程如下。

（1）PC1 访问 PC2 原始报文，在 FW_A 上匹配路由表，引入 GRE 隧道接口进行封装。

（2）经过 GRE 隧道封装后的报文，在 FW_A 上再次匹配路由表，在公网上传输。

（3）GRE 解封装后的报文，在 FW_B 上匹配路由表，发送到 PC2。

图 9-13　GRE 封装和解封装示意图

根据以上封装和解封装过程，可以看出 PC1 访问 PC2 的流量的关键是需要配置路由，将访问私网的流量引入 Tunnel 接口进行封装。

以下配置参考命令是将去往私网 IP 10.1.2.0/24 的流量引入 Tunnel 接口。

```
[FW_A] ip route-static 10.1.2.0 24 Tunnel1
```

9.2　任务 1：仿真拓扑设计

9.2.1　拓扑图设计

根据案例场景中的需求，设计以下拓扑，如图 9-14 所示。FW_A 和 FW_B 通过 Internet 相连，两者公网路由可达。网络 1 和网络 2 是两个私有的 IP 网络，通过在两台 FW 之间建立 GRE 隧道，可以实现两个私有 IP 网络互联。Tunnel 是一个虚拟的点对点的连接，提供了一条通路，使封装的数据报文能够在这个通路上传输，并且在一个 Tunnel 的两端分别对数据报进行封装及解封装。

任务 1　仿真拓扑设计

其他各网络参数信息见拓扑图 9-14。

9.2.2　配置思路

（1）在 FW_A 和 FW_B 上分别创建一个 Tunnel 接口。在 Tunnel 接口中指定隧道的源 IP 地址和目的 IP 等封装参数。

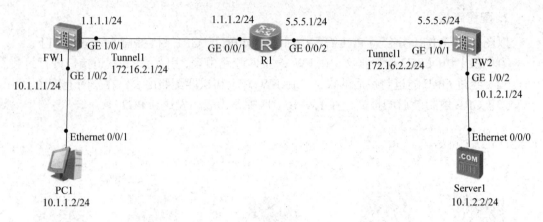

图 9-14　案例场景拓扑图

（2）配置静态路由，将出接口指定为本设备的 Tunnel 接口。该路由的作用是将需要经过 GRE 隧道传输的流量引入 GRE 隧道中。

（3）配置安全策略，允许 GRE 隧道的建立和流量的转发。

9.3　任务 2：外围设备基础配置

9.3.1　任务说明

对 PC1、Server1、路由器、防火墙进行基础网络配置。

任务 2　外围设备
基础配置

9.3.2　任务实施过程

（1）配置 PC1 网络基本参数，如图 9-15 所示。

图 9-15　PC1 网络参数配置

（2）配置 Server1 网络基本参数，如图 9-16 所示。

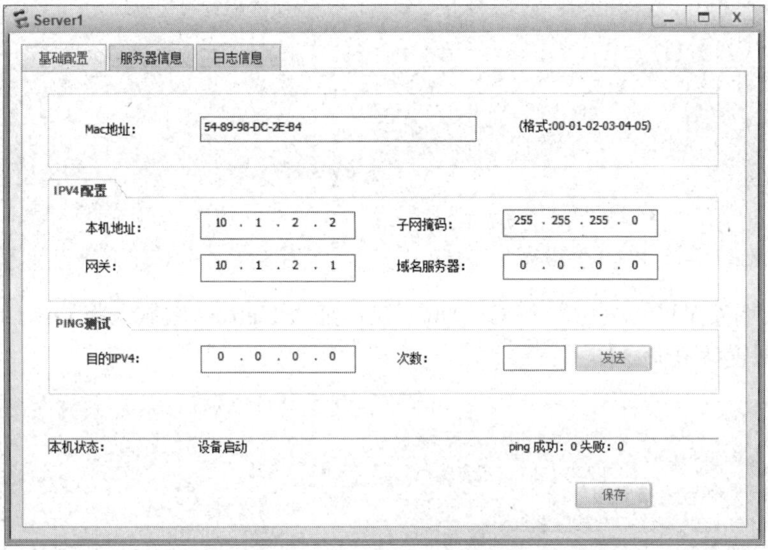

图 9-16　Server1 网络参数配置

（3）配置路由器基本网络参数，配置参考命令如下：

```
#
interface GigabitEthernet0/0/1
  ip address 1.1.1.2  255.255.255.0
#
interface GigabitEthernet0/0/2
  ip address 5.5.5.1 255.255.255.0
#
```

9.4　任务 3：FW1 配置

9.4.1　任务说明

对 FW1 进行任务配置，包括安全区域划分和网络基础配置、隧道口相关配置、安全策略配置。

任务 3　FW1 配置

9.4.2　任务实施过程

1. 安全区域划分和网络基础配置

（1）配置防火墙相关端口网络基本参数，配置参考命令如下：

```
#
interface GigabitEthernet1/0/1
  undo shutdown
  ip address 1.1.1.1 255.255.255.0
#
interface GigabitEthernet1/0/2
  undo shutdown
  ip address 10.1.1.1 255.255.255.0
#
```

（2）防火墙安全区域划分，将 GE 1/0/1 接口加入 Untrust 区域，将 GE 1/0/2 接口加入 Trust 区域，配置参考命令如下：

```
#
firewall zone trust
  set priority 85
  add interface GigabitEthernet1/0/2
#
firewall zone untrust
  set priority 5
  add interface GigabitEthernet1/0/1
#
```

（3）防火墙静态路由配置，使公网路由可达。配置参考命令如下：

```
#
ip route-static 5.5.5.0 255.255.255.0 1.1.1.2
#
```

2. 隧道口相关配置

（1）添加隧道虚拟接口 Tunnel1。配置参考命令如下：

```
[FW_A] interface Tunnel 1
[FW_A-Tunnel1] ip address 172.16.2.1 24
[FW_A-Tunnel1] quit
```

注意： 此处 IP172.16.2.1 并不参与 GRE 封装传输，可以定义私网 IP。

（2）将虚拟隧道接口加入 DMZ 安全区域。配置参考命令如下：

```
[FW_A] firewall zone dmz
[FW_A-zone-dmz] add interface tunnel 1
[FW_A-zone-dmz] quit
```

（3）查看接口截图如图 9-17 所示，可以看到虚拟隧道接口已经创建。

```
Interface                        IP Address/Mask      Physical    Protocol
GigabitEthernet0/0/0             192.168.0.1/24       down        down
GigabitEthernet1/0/0             unassigned           down        down
GigabitEthernet1/0/1             1.1.1.1/24           up          up
GigabitEthernet1/0/2             10.1.1.1/24          up          up
GigabitEthernet1/0/3             unassigned           down        down
GigabitEthernet1/0/4             unassigned           down        down
GigabitEthernet1/0/5             unassigned           down        down
GigabitEthernet1/0/6             unassigned           down        down
NULL0                            unassigned           up          up(s)
Tunnel1                          172.16.2.1/24        up          up
```

图 9-17　虚拟隧道接口创建

（4）配置路由，将需要经过 GRE 隧道传输的流量引入 GRE 隧道中。配置参考命令如下：

```
[FW_A] ip route-static 10.1.2.0 24 Tunnel1
```

（5）配置 Tunnel 接口的封装参数。配置参考命令如下：

```
[FW_A] interface Tunnel 1
[FW_A-Tunnel1] tunnel-protocol gre
[FW_A-Tunnel1] source 1.1.1.1
[FW_A-Tunnel1] destination 5.5.5.5
[FW_A-Tunnel1] gre key cipher 123456
[FW_A-Tunnel1] quit
```

3. 安全策略配置

（1）配置 Trust 和 DMZ 的域间安全策略，允许封装前的报文通过域间安全策略。配置参考命令如下：

```
[FW_A] security-policy
[FW_A-policy-security] rule name policy1
[FW_A-policy-security-rule-policy1] source-zone trust dmz
[FW_A-policy-security-rule-policy1] destination-zone dmz trust
[FW_A-policy-security-rule-policy1] action permit
[FW_A-policy-security-rule-policy1] quit
```

（2）配置 Local 和 Untrust 的域间安全策略，允许封装后的 GRE 报文通过域间安全策略。配置参考命令如下：

```
[FW_A-policy-security] rule name policy2
[FW_A-policy-security-rule-policy2] source-zone local untrust
[FW_A-policy-security-rule-policy2] destination-zone untrust local
[FW_A-policy-security-rule-policy2] service gre
[FW_A-policy-security-rule-policy2] action permit
[FW_A-policy-security-rule-policy2] quit
```

9.5　任务 4：FW2 配置

9.5.1　任务说明

任务 4　FW2 配置

对 FW2 进行任务配置，包括安全区域和网络基础配置、隧道口相关配置、安全策略配置。

9.5.2　任务实施过程

1. 安全区域划分和网络基础配置

（1）配置防火墙相关端口网络基本参数，配置参考命令如下：

```
#
interface GigabitEthernet1/0/1
  undo shutdown
  ip address 5.5.5.5 255.255.255.0
#
interface GigabitEthernet1/0/2
  undo shutdown
  ip address 10.1.2.1 255.255.255.0
#
```

（2）防火墙安全区域划分，将 GE 1/0/1 接口加入 Untrust 区域，将 GE 1/0/2 接口加入 Trust 区域，配置参考命令如下：

```
#
firewall zone trust
  set priority 85
  add interface GigabitEthernet1/0/2
#
firewall zone untrust
  set priority 5
  add interface GigabitEthernet1/0/1
#
```

（3）防火墙静态路由配置，使公网路由可达。配置参考命令如下：

```
#
ip route-static 1.1.1.0 255.255.255.0 5.5.5.1
#
```

2. 隧道口相关配置

（1）添加隧道虚拟接口 Tunnel1。配置参考命令如下：

```
[FW_B] interface Tunnel 1
[FW_B-Tunnel1] ip address 172.16.2.2 24
[FW_B-Tunnel1] quit
```

注意： 此处 IP172.16.2.2 并不参与 GRE 封装传输，可以定义私网 IP。

（2）将虚拟隧道接口加入 DMZ 安全区域。配置参考命令如下：

```
[FW_B] firewall zone dmz
[FW_B-zone-dmz] add interface tunnel 1
[FW_B-zone-dmz] quit
```

（3）查看接口如图 9-18 所示，可以看到虚拟隧道接口已经创建。

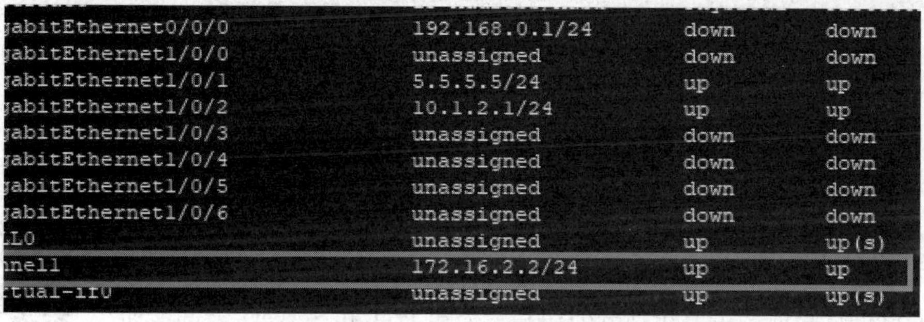

gabitEthernet0/0/0	192.168.0.1/24	down	down
gabitEthernet1/0/0	unassigned	down	down
gabitEthernet1/0/1	5.5.5.5/24	up	up
gabitEthernet1/0/2	10.1.2.1/24	up	up
gabitEthernet1/0/3	unassigned	down	down
gabitEthernet1/0/4	unassigned	down	down
gabitEthernet1/0/5	unassigned	down	down
gabitEthernet1/0/6	unassigned	down	down
LL0	unassigned	up	up(s)
nnel1	172.16.2.2/24	up	up
rtual-II0	unassigned	up	up(s)

图 9-18   创建虚拟隧道接口

（4）配置路由，将需要经过 GRE 隧道传输的流量引入 GRE 隧道中。配置参考命令如下：

```
[FW_B] ip route-static 10.1.1.0 24 Tunnel1
```

（5）配置 Tunnel 接口的封装参数。配置参考命令如下：

```
[FW_B] interface Tunnel 1
[FW_B-Tunnel1] tunnel-protocol gre
[FW_B-Tunnel1] source 5.5.5.5
[FW_B-Tunnel1] destination 1.1.1.1
[FW_B-Tunnel1] gre key cipher 123456
[FW_B-Tunnel1] quit
```

3. 安全策略配置

（1）配置 Trust 和 DMZ 的域间安全策略，允许封装前的报文通过域间安全策略。配置参考命令如下：

```
[FW_B] security-policy
[FW_B-policy-security] rule name policy1
[FW_B-policy-security rule-policy1] source-zone trust dmz
[FW_B-policy-security-rule-policy1] destination-zone dmz trust
[FW_B-policy-security-rule-policy1] action permit
[FW_B-policy-security-rule-policy1] quit
```

（2）配置 Local 和 Untrust 的域间安全策略，允许封装后的 GRE 报文通过域间安全策略。配置参考命令如下：

```
[FW_B-policy-security] rule name policy2
[FW_B-policy-security-rule-policy2] source-zone local untrust
[FW_B-policy-security-rule-policy2] destination-zone untrust local
[FW_B-policy-security-rule-policy2] service gre
[FW_B-policy-security-rule-policy2] action permit
[FW_B-policy-security-rule-policy2] quit
```

9.6 任务 5：需求验证

9.6.1 任务说明

对需求进行验证。主要包括分公司和总公司 PC1 和 Server1 之间能通过 GRE-VPN 隧道进行相互访问，并通过 Wireshark 抓取相关报文，查看 GRE 封装报文的结构。

任务 5 需求验证

9.6.2 任务实施过程

（1）用 PC1 ping Server1 进行测试，能正常通信，测试效果如图 9-19 所示。

```
PC>ping 10.1.2.2

Ping 10.1.2.2: 32 data bytes, Press Ctrl_C to break
From 10.1.2.2: bytes=32 seq=1 ttl=253 time=32 ms
From 10.1.2.2: bytes=32 seq=2 ttl=253 time=31 ms
From 10.1.2.2: bytes=32 seq=3 ttl=253 time=31 ms
From 10.1.2.2: bytes=32 seq=4 ttl=253 time=31 ms
From 10.1.2.2: bytes=32 seq=5 ttl=253 time=32 ms
```

图 9-19 PC1 与 Server1 正常通信

（2）用 Server1 ping PC1 测试，也能正常通信，测试效果如图 9-20 所示。

（3）让 PC1 一直 ping Server1（-t），并分别在 GE 1/0/2 接口和 GE 1/0/1 接口抓包，对比 GRE 封装前后报文。

GRE 封装前：图 9-21 是在 GE 1/0/2 接口抓包，捕获的是原始报文，可以看出源和目的 IP 分别是 10.1.1.2，目的 IP 是 10.1.2.2。

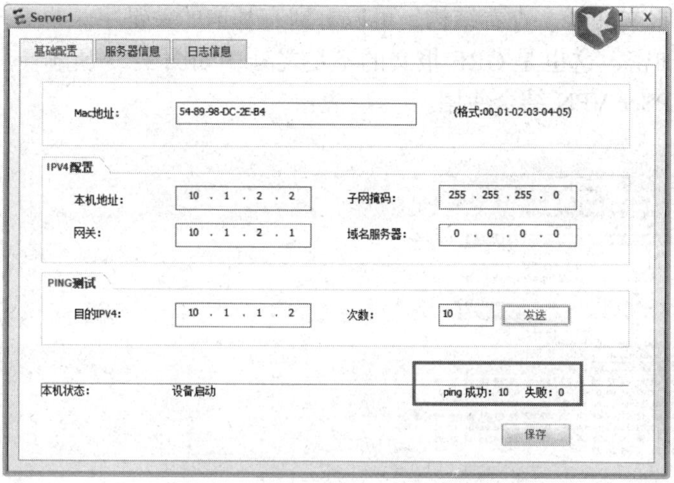

图 9-20　Server1 ping PC1 正常

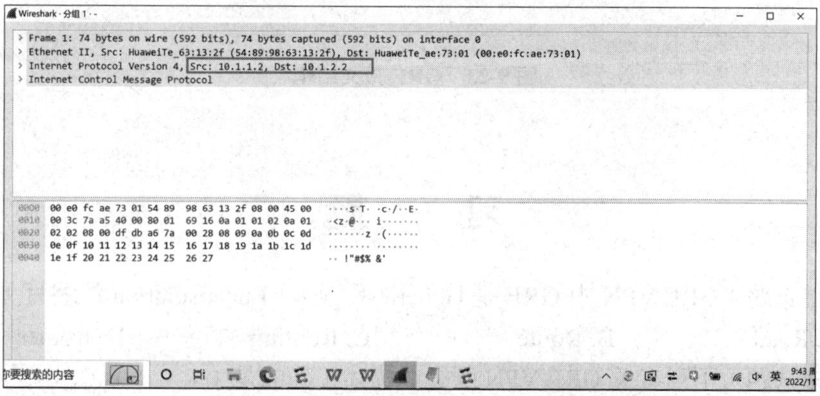

图 9-21　GRE 封装前 GE 1/0/2 口抓包

GRE 封装后：图 9-22 是在 GE 1/0/1 接口抓包，捕获的是 GRE 封包之后的报文。分析报文结构可以看出 GRE 协议对原始报文进行了封装，加上了新的公网 IP 头进行数据传输。

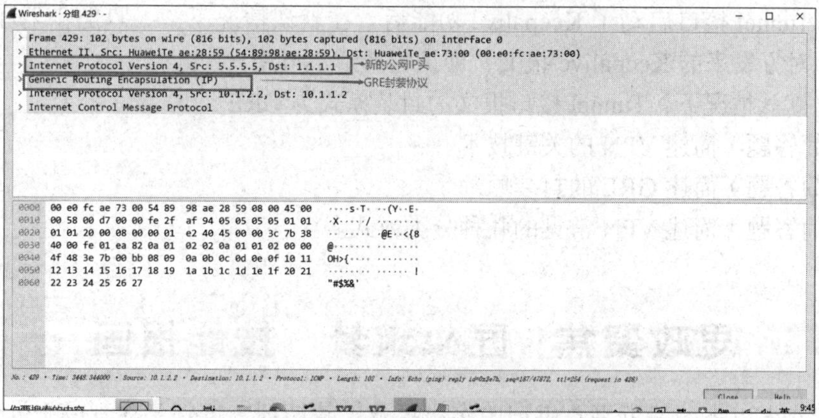

图 9-22　GRE 封装后 GE 1/0/2 口抓包

（4）将 GRE 报文展开，查看结构，可以看到有基本的关键字，也有校验和验证机制，但是协议并没有加密，这也是 GRE 报文的不足之处，如图 9-23 所示。所以 GRE 一般和后面将要介绍的 IPSec VPN 结合使用。

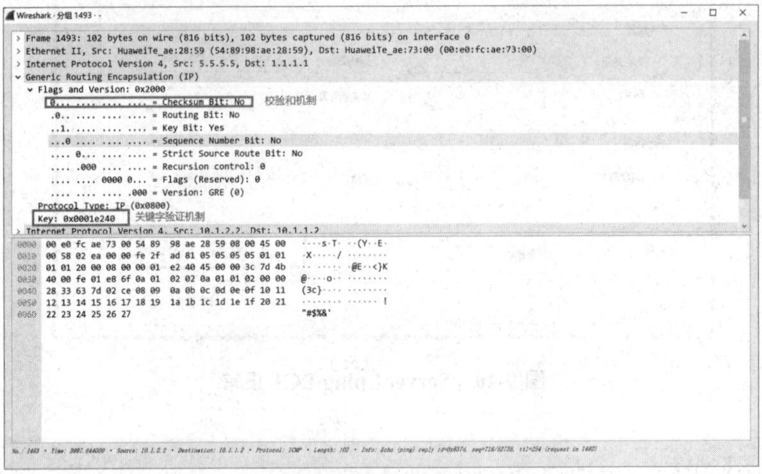

图 9-23　GRE 报文结构

习　　题

（1）（单选题）GRE VPN 中 GRE 是 Generic（　　　　）Encapsulation 的缩写。

    A. Road　　　　　　B. Route　　　　　　C. Routing　　　　　　D. Router

（2）（多选题）下列有关 GRE VPN 配置的描述正确的是（　　　）。

    A. 配置 GRE VPN 时，无论采用静态路由还是动态路由，Tunnel 接口都应该启动 Keepalive 功能，以探测隧道接口的实际工作情况

    B. Tunnel 接口的源端地址和目的端地址唯一标识了一个隧道，在隧道两端设备的 Tunnel 接口上的源端地址和目的端地址必须相同

    C. Tunnel 接口启动了 Keepalive 功能后，在默认情况下，一旦路由器 3 次收不到对方发来的 Keepalive 报文，即认为隧道不可用

    D. 默认情况下，Tunnel 接口报文的封装模式为 GRE

（3）（简答题）简述 VPN 的关键技术。

（4）（简答题）简述 GRE 的封装原理。

（5）（简答题）简述 VPN 常见的几种分类方式。

思政聚焦：匠心筑梦　技能报国

党的十八大以来，习近平总书记曾多次提及工匠精神。特别是在党的十九大报告中，明确提出了弘扬工匠精神的要求，强调营造劳动光荣的社会风尚和营造精益求精的敬业风

气。习近平总书记在 2020 年全国劳动模范和先进工作者表彰大会上，阐明了"执着专注、精益求精、一丝不苟、追求卓越"的工匠精神内涵。

工匠精神包含执着专注的精神。执着专注指对自己的工作和劳动高度认同。为航天事业奉献一生的"神医华佗"杨景德，从青涩到耄耋，始终坚守航空修理岗位，练就"隔空探音"等一身绝技；追求纸上"极致功夫"的晒纸工人毛胜利，专注晒纸 30 年，其精湛技艺续写了宣纸传奇；"雕刻大师"马荣，用点线雕刻人生，以技艺塑造国家形象；火箭"心脏"焊接人高凤林，破解难题 20 载，突破了极限精度，让中国繁星映亮苍穹。此类的大国工匠还有很多，他们都有一个共同的特点，就是聚精会神地坚守本职工作，并且达到了一种忘我的境界。

工匠精神包含精益求精的精神。精益求精的工匠都具有精品意识。中国新一代运载火箭总装第一人崔蕴，一直坚持践行"干工作就得做到极致，有多大劲使多大劲"的信念；"绝世刀工"龙小平，将每一件产品都当成自己的孩子来抚育；"中国陶瓷艺术大师"朱文立，坚持精益求精，破译汝瓷"密码"，让断代 800 多年的汝瓷再现，惊艳世界。

工匠精神包含一丝不苟的精神。一丝不苟表现在注重细节，指对待每一次的工作都认真细致，越熟练越认真。徐立平每一次为航天固体燃料发动机"雕刻火药"时，都将其作为第一次操作那样细致认真；"深海钳工"管延安进行港珠澳大桥隧道工程沉管舾装安装工作时，对自己的要求更是近乎苛刻，安装前反复演练，安装过程中高度专注，安装后细致检查，经其手拧过的 60 多万颗螺丝零失误，创下了 5 年零失误的深海奇迹。

工匠精神包含追求卓越的精神。追求卓越表现在对自身技艺和工作对象的超越性追求上不断创新，锻造技艺和技能。普通装调工赵郁坚持追求"当工人就要把自己锻造成一块好钢"，最终成长为中国汽车工业的杰出人物；普通电焊工姜涛坚持追求"既然选择了做一名工人，就要做一名好工人"，最终成长为技能大师；铸造工人毛正石不断钻研和改进传统铸造工艺，最终让铸造中的废品率低于国际标准；航天钳工郑朝阳坚持对自己要求"做到 99 分还不够，要做到 101 分"，创新和发明了多项技术。

作为新时代的大学生，更要大力弘扬工匠精神，勤于创造，勇于奋斗，满怀信心投身实现第二个百年奋斗目标和中华民族伟大复兴的中国梦。

项目 10   L2TP-VPN

CY 公司派员工去外地出差，员工需要每天登录公司 OA 服务器查看个人工作任务并进行工作汇报，同时也需要登录公司内部的邮件服务器收发邮件。内网的服务器由于安全性考虑不能对公网开放，如何让出差员工能通过公网安全地访问到内网呢？

为了解决此问题，项目经理给小蔡安排了新的工作任务，通过配置防火墙让出差员工（即接入用户）可通过 L2TP 拨号方式直接向防火墙发起连接请求，与防火墙的通信数据通过 L2TP 隧道传输。出差员工的主机上需要安装 L2TP 客户端软件（比如 Secoway VPN 客户端软件），如图 10-1 所示。

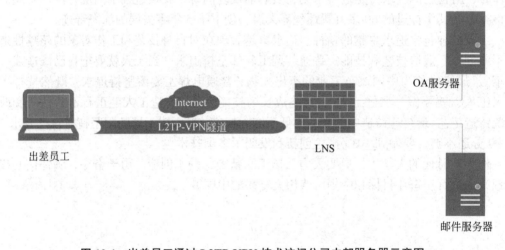

图 10-1   出差员工通过 L2TP-VPN 技术访问公司内部服务器示意图

10.1   知 识 引 入

10.1.1   L2TP VPN 介绍

1. 产生背景

VPDN（virtual private dial network）虚拟私有拨号网是指在公共网络上构建的虚拟专用网络，为企业、小型 ISP、移动办公人员提供接入服务。

VPDN 采用专用的网络加密通信协议，在公共网络上为企业建立安全的虚拟专网。企业驻外机构和出差人员可远程经由公共网络，通过虚拟加密隧道实现和企业总部之间的网络连接，而公共网络上其他用户则无法穿过虚拟隧道访问企业网内部的资源。

VPDN 隧道协议有多种，目前使用最广泛的是 L2TP（layer two tunneling protocol，二层隧道协议）。

2. L2TP 和 PPP

PPP 定义了一种封装技术，可以在二层点到点链路上传输多种协议数据包，这时用户与 NAS（network access server，网络接入服务器）之间运行 PPP。

L2TP 提供了对 PPP 链路层数据包的隧道传输支持，允许二层链路端点和 PPP 会话点驻留在不同设备上，并采用包交换技术进行信息交互，从而扩展了 PPP 模型。

L2TP 功能可以简单描述为在非点对点的网络上建立点对点的 PPP 会话连接。L2TP 结合了 L2F（layer 2 forwarding）和 PPTP（point-to-point tunneling protocol）的优点，成为 IETF 有关二层隧道协议的工业标准。

3. L2TP 组网模型

L2TP 组网模型如图 10-2 所示，其中主要有以下基本概念。

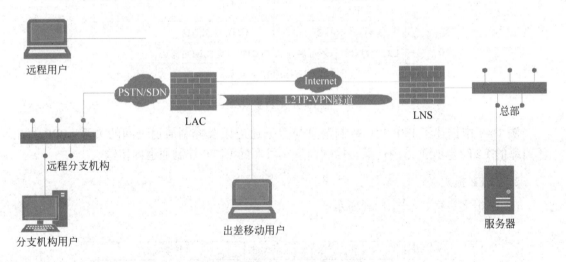

图 10-2 L2TP 组网模型示意图

（1）用户：L2TP 组网模型中，用户是需要登录私网的设备（如 PC）。VPDN 用户的特征是接入的方式和地点不固定。用户可以通过 PSTN 或 ISDN 网络与 LAC 连接，或者接入 Internet，直接与总部服务器建立连接。

用户是发起 PPP 协商的端设备。用户既是 PPP 二层链路一端，又是 PPP 会话的一端。

（2）LAC：L2TP 访问集中器 LAC（L2TP access concentrator）是交换网络上有 PPP 端系统和 L2TP 处理能力的设备，一般是本地 ISP 的接入设备，如网络接入服务器 NAS，通过 PSTN/ISDN 网络为用户提供接入服务。

LAC 通过 L2TP 隧道及 PPP 会话与其他数据流相互隔离。LAC 不只为特定的某个 VPN 服务，还可以为多个 VPN 服务，其位于 L2TP 网络服务器 LNS（L2TP network server）和远端系统（远程用户和远程分支机构）之间。

LAC 在 LNS 和远端系统之间传递数据：把从远端系统收到的数据进行 L2TP 封装并送往 LNS；将从 LNS 收到的数据进行解封装并送往远端系统。

LAC 与远端系统间可采用本地连接或 PPP 链路，VPDN 应用中通常使用 PPP 链路。LAC 是直接接受用户呼叫的一端，也是 PPP 二层链路一端。

（3）LNS：LNS（L2TP network server）网络服务器是接受 PPP 会话的一端，通过 LNS 验证，用户就可以登录到私网上，访问私网资源。同时，LNS 作为 L2TP 隧道的另一侧端点，也是 LAC 的对端设备，即通过 LAC 进行隧道传输的 PPP 会话的逻辑终止端点。

LNS 位于私网与公网边界，通常是企业网关设备。网关实施网络接入及 LNS 功能。LNS 可以放在企业总部网络内，也可以是 IP 公共网络的 PE（用户把 LNS 功能的维护交给 ISP）。

10.1.2 L2TP 报文

1. L2TP 结构

L2TP 结构如图 10-3 所示。

PPP帧	
L2TP数据消息	L2TP 控制消息
L2TP数据通道（不可靠）	L2TP 控制通道（可靠）
L2TP数据通道（不可靠）	

图 10-3　L2TP 结构

图 10-3 中描述了 PPP 帧、控制消息与数据通道以及控制通道之间的关系：PPP 帧在不可靠的 L2TP 数据通道内传输，控制消息在可靠的 L2TP 控制通道内传输。

2. L2TP 报文头

L2TP 报文头格式如图 10-4 所示。

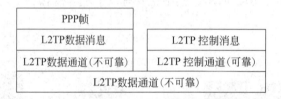

图 10-4　L2TP 报文头格式

L2TP 的控制消息和数据消息使用相同的报文头，L2TP 报文头中包含隧道标识符（tunnel ID）和会话标识符（session ID）信息，隧道标识符与会话标识符由对端分配，用来标识不同的隧道和会话。隧道标识相同、会话标识不同的报文将被复用在一条隧道上。

3. L2TP 数据报文结构

用户 PPP 报文（已携带源 IP 报文头及 PPP 报文头）在公共网络上以 IP 报文形式传输

时，数据报文格式如图 10-5 所示。

20字节	8字节	16字节	4字节	20字节	
新IP头	UDP头	L2TP头	PPP头	原IP头	数据

图 10-5　L2TP 数据报文的格式

10.1.3　L2TP VPN 应用场景

L2TP 主要有以下两种应用场景，即 client-initialized 与 NAS-initialized。

（1）client-initialized。直接由 LAC 客户端（指可在本地支持 L2TP 协议的用户）发起。客户需要知道 LNS 的 IP 地址。LAC 客户可直接向 LNS 发起隧道连接请求，无须再经过一个单独的 LAC 设备。在 LNS 设备上收到了 LAC 客户端的请求之后，根据用户名、密码进行验证，并且给 LAC 客户分配私有 IP 地址。

这种方式的特点是：用户需要安装 L2TP 的拨号软件。使用 Windows 操作系统的用户也可以使用 Windows 操作系统自带的 VPN 拨号软件。用户上网的方式和地点没有限制，不需 ISP 介入。L2TP 隧道两端分别驻留在用户侧和 LNS 侧，一个 L2TP 隧道承载一个 L2TP 会话。

主要用于出差人员远程经由公共网络，通过虚拟隧道实现和企业总部之间的网络连接的场景。本项目模拟这种应用场景的实现。

（2）NAS-initialized。由远程拨号用户发起，远程系统通过 PSTN/ISDN 拨入 LAC，由 LAC 通过 Internet 向 LNS 发起建立隧道连接请求。拨号用户地址由 LNS 分配；对远程拨号用户的验证与计费既可由 LAC 侧的代理完成，也可在 LNS 完成。

NAS-initialized 的特点是：用户必须采用 PPP 的方式接入 Internet，也可以是 PPPoE 等协议。运营商的接入设备（主要是 BAS 设备）需要开通相应的 VPN 服务。用户需要到运营商处申请该业务。L2TP 隧道两端分别驻留在 LAC 侧和 LNS 侧，且一个 L2TP 隧道可以承载多个会话。

主要用于企业驻外机构远程经由公共网络，通过虚拟隧道实现和企业总部之间的网络连接的场景。

一般同一个组网中，NAS-initialized 和 client-initialized 模式同时存在，也有只使用 client-initialized 模式的情况，但这种组网对 LNS 的建立隧道要求高，因为 client-initialized 模式中，一个 L2TP 隧道承载一个 L2TP 会话。

10.1.4　client-initialized VPN 建立过程

client-initialized VPN 建立过程主要包括以下几个阶段。

1. 建立 L2TP 隧道

L2TP 客户端和 LNS 通过交互三条消息协商隧道 ID、UDP 端口（LNS 用 1701 端口响应客户端隧道建立请求）、主机名称、L2TP 的版本、隧道验证（客户端不支持隧道验证时 LNS 的隧道验证功能要关闭，例如 Windows 7 操作系统）等参数。

L2TP 隧道建立过程中涉及的消息包括以下几种。

- SCCRQ（start-control-connection-request）：用来向对端请求建立控制连接。
- SCCRP（start-control-Connection-reply）：用来告诉对端，本端收到了对端的 SCCRQ 消息，允许建立控制连接。
- StopCCN（stop-control-connection-notification）：用来通知对端拆除控制连接。
- SCCCN（start-control-connection-connected）：用来告诉对端，本端收到了对端的 SCCRP 消息，本端已完成隧道的建立。
- Hello：用来检测隧道的连通性。
- ZLB（zero-length body）：如果本端的队列没有要发送的消息时，发送 ZLB 给对端。在控制连接的拆除过程中，发送方需要发送 STOPCCN，接收方发送 ZLB。ZLB 只有 L2TP 头，没有负载部分，因此而得名。

2. 建立 L2TP 会话

L2TP client 和 LNS 通过交互三条消息协商 session ID，建立 L2TP 会话，L2TP 会话建立过程中涉及的消息包括以下方面。

- ICRQ（incoming-call-request）：只有 LAC 才会发送；每当检测到用户的呼叫请求，LAC 就发送 ICRQ 消息给 LNS，请求建立会话连接。ICRQ 中携带会话参数。
- ICRP（incoming-call-reply）：只有 LNS 才会发送；收到 LAC 的 ICRQ，LNS 就使用 ICRP 回复，表示允许建立会话连接。
- ICCN（incoming-call-connected）：只有 LAC 才会发送；LAC 收到 LNS 的 ICRP，就使用 ICCN 回复，表示 LAC 已回复用户的呼叫，通知 LNS 建立会话连接。
- CDN（call-disconnect-notify）：用来通知对端拆除会话连接，并告知对端拆除的原因。
- ZLB（zero-length body）：如果本端的队列没有要发送的消息时，发送 ZLB 给对端。在会话连接的拆除过程中，发送 ZLB 还表示收到 CDN。ZLB 只有 L2TP 头，没有负载部分，因此而得名。

3. 创建 PPP 连接

此过程主要是身份认证，要求 L2TP 客户端和 LNS 上配置的用户名和密码完全一致，从而确认登录用户身份。

如果验证通过，会将 LNS 上地址池里的地址分配给远端客户端使用。

4. 数据封装传输

L2TP 隧道建立后，L2TP 客户端的数据经过 L2TP 数据报文的封装和解封装后，可以与总部正常通信，L2TP 封装和解封装过程如图 10-6 所示。

L2TP 客户端将原始报文先后封装 PPP 报文头，L2TP 报文头，UDP 报文头，外层公网 IP 头，并将封装好的 L2TP 报文穿过 Internet 传输到 LNS 设备，LNS 收到报文后，完成报文的解封装。L2TP 封装的报文截图如图 10-7 所示。

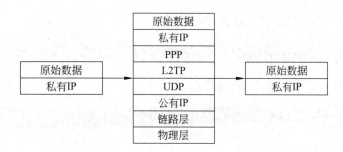

图 10-6 L2TP 封装 / 解封装过程

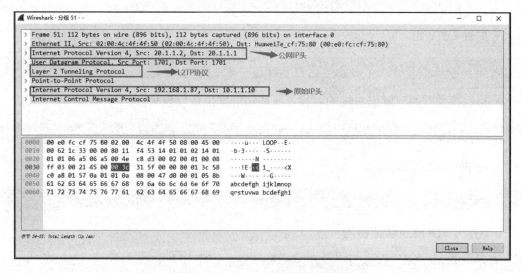

图 10-7 L2TP 封装的报文截图

LNS 从连接公共网络的接口收到该报文后，进行如下处理：去掉 IP 头和 UDP 头，将报文送往 L2TP 模块；L2TP 剥离 L2TP 头和 PPP 头，将该报文还原为用户 IP 报文，并发送到私网内部服务器。

10.1.5 关键配置命令

关键配置参考命令如下。
- 创建虚拟接口模板。

```
[LNS] interface Virtual-Template 1
```

- 配置虚拟接口模板的 IP 地址。

```
[LNS-Virtual-Template1] ip address 10.1.1.1 24
```

- 配置 PPP 认证方式。

```
[LNS-Virtual-Template1] ppp authentication-mode chap
```

- 配置为对端接口分配 IP 地址池中的地址。

```
[LNS-Virtual-Template1] remote address pool 1
```

- 配置虚拟接口模板，加入安全区域。

```
[LNS-zone-trust] add interface Virtual-Template 1
```

- 使能 L2TP 功能。

```
[LNS] l2tp enable
```

- 配置 L2TP 组。

```
[LNS] l2tp-group 1
```

- 指定接受呼叫时隧道对端的名称及所使用的虚拟接口模板。

```
[LNS-l2tp1] allow l2tp virtual-template 1（remote Client01）
```

- 使能 L2TP 隧道认证。

```
[LNS-l2tp1] tunnel authentication
```

- 配置 L2TP 隧道认证密码。

```
[LNS-l2tp1] tunnel password simple hello
```

- 配置隧道本端名称。

```
[LNS-l2tp1] tunnel name lns
```

- 进入 AAA 视图。

```
[LNS] aaa
```

- 创建本地用户名和密码。

```
[LNS-aaa] local-user pc1 password simple pc1pc1
```

- 配置用户类型。

```
[LNS-aaa] local-user pc1 service-type ppp
```

- 配置公共 IP 地址池。

```
[LNS-aaa] ip pool 1 4.1.1.1 4.1.1.99
```

- 配置域间默认包过滤规则。

```
[LNS] firewall packet-filter default permit interzone local untrust
```

10.2 任务 1: 仿真拓扑设计

10.2.1 拓扑图设计

根据本项目中案例场景中的需求，设计以下拓扑来模拟 client-initialized VPN 的实现。因为客户端软件不能安装在 eNSP 的 PC 上，采用通过云的方式让物理机和 LNS 进行桥接，把客户端软件安装在物理机上。地址池地址范围是 192.168.1.2~192.168.1.100，在 VPN 协商成功后分配给物理机。其他各网络参数信息见拓扑图，如图 10-8 所示。

任务 1 仿真
拓扑设计

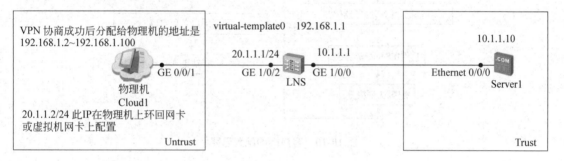

图 10-8 仿真拓扑模拟图

10.2.2 配置思路

client-initialized VPN 的关键配置包括 LNS 配置和客户端配置两部分。

1. LNS 配置

LNS 的配置思路如图 10-9 所示。

主要步骤如下。

（1）配置接口基本配置、路由，并开启域间安全策略。

（2）添加 L2TP 本地用户。

（3）配置 LNS 端的地址池、服务器地址、隧道密码参数，并指定对端隧道名称。

此处的对端隧道名称要和 LAC 端的"本端隧道名称"一致。

2. 客户端配置

客户端的配置相对简单，在客户端软件的配置界面对照 LNS 相关的配置参数进行设置即可，客户端的配置思路如图 10-10 所示。

以安装了 Secoway VPN 客户端软件的 PC 为例，以下是配置界面，如图 10-11 所示。

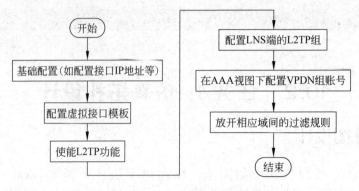

图 10-9　LNS 的配置思路

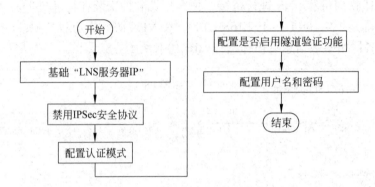

图 10-10　客户端的配置思路

图 10-11　Secoway VPN 客户端配置界面

10.3 任务 2: 物理机和防火墙连通配置

10.3.1 任务说明

通过添加云让物理机与主机连通。因为在仿真环境中 secoclient 客户端软件是安装在物理机上，所以需要保障物理机和防火墙的连通性。

任务 2 物理机和
防火墙连通配置

10.3.2 配置过程

（1）环回网卡配置如图 10-12 所示。IP 地址及掩码是 20.1.1.2/24，是为了跟 GE 1/0/2 口保持在同一网段。

（2）LNS 配置。GE 1/0/2 接口配置如下，保证公网的连通性，注意开启访问权限，如图 10-13 所示。

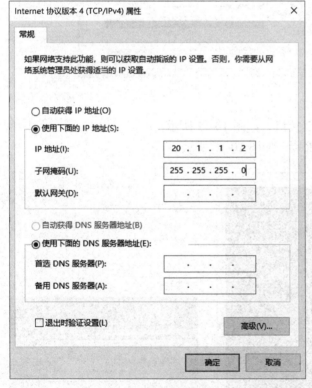

图 10-12 网卡配置

图 10-13 GE 1/0/2 端口配置

（3）将 GE 1/0/2 接口加入 Untrust 安全区域，配置参考命令如下：

```
#
firewall zone untrust
  set priority 5
  add interface GigabitEthernet1/0/2
#
```

（4）云配置相关参数如图 10-14 所示。

图 10-14　云配置

（5）物理机测试可否访问 GE 1/0/2 接口，如图 10-15 所示。

（6）物理机测试可否网页访问防火墙，如图 10-16 所示。

图 10-15　测试可否访问 GE 1/0/2

图 10-16　测试网页可否访问防火墙

10.4 任务 3：LNS 配置

10.4.1 任务说明

对 LNS 进行相关配置，主要包括安全区域划分和网络基础配置、
L2TP 配置、安全策略配置。

10.4.2 任务实施过程

1. 安全区域划分和网络基础配置

（1）配置防火墙基本网络参数，配置参考命令如下：

```
#
interface GigabitEthernet1/0/0
  undo shutdown
  ip address 10.1.1.1 255.255.255.0
#
```

（2）安全区域配置，配置参考命令如下：

```
#
firewall zone trust
  set priority 85
  add interface GigabitEthernet0/0/0
  add interface GigabitEthernet1/0/0
#
firewall zone untrust （GE1/0/2 口区域在任务 2 已经加入）
 set priority 5
 add interface GigabitEthernet1/0/2
#
```

（3）配置 Server1 网络基本参数，如图 10-17 所示。

2. 配置 L2TP

（1）开启 L2TP 功能，配置参考命令如下：

```
[LNS] l2tp enable
```

（2）配置虚拟接口模板，配置参考命令如下，配置结果如图 10-18 所示。

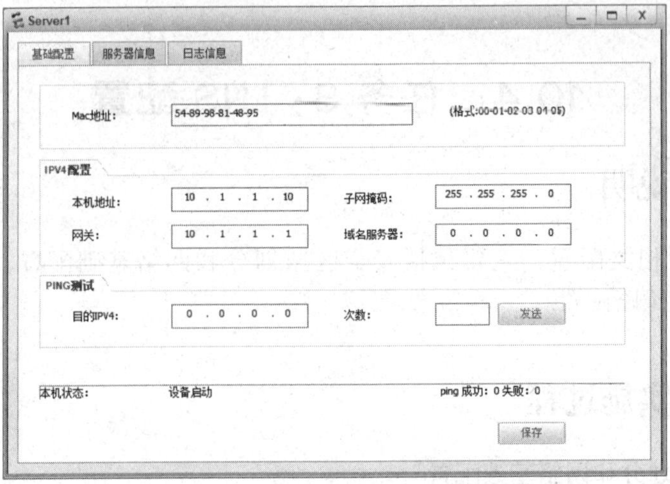

图 10-17　配置 Server1 网络基本参数

```
#
[LNS]interface Virtual-Template 0
[LNS-Virtual-Template0] ip address 192.168.1.1 24
[LNS-Virtual-Template0] ppp authentication-mode chap
[LNS-Virtual-Template0] remote service-scheme l2tp（该处 L2TP 业务方案在下面
AAA 认证中配置）
[LNS-Virtual-Template0] quit
#
```

说明：指定为对端分配 IP 地址的业务方案必须与 AAA 域下配置的业务方案一致，否则 LNS 无法为客户端 - 分配地址。

（3）将虚拟接口模板加入安全区域，配置参考命令如下，配置结果如图 10-19 所示。

```
[LNS] firewall zone dmz
[LNS-zone-dmz] add interface Virtual-Template0
[LNS-zone-dmz] quit
```

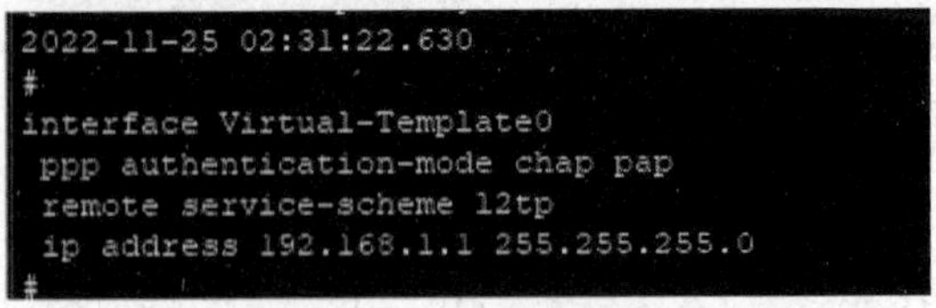

图 10-18　配置虚拟接口

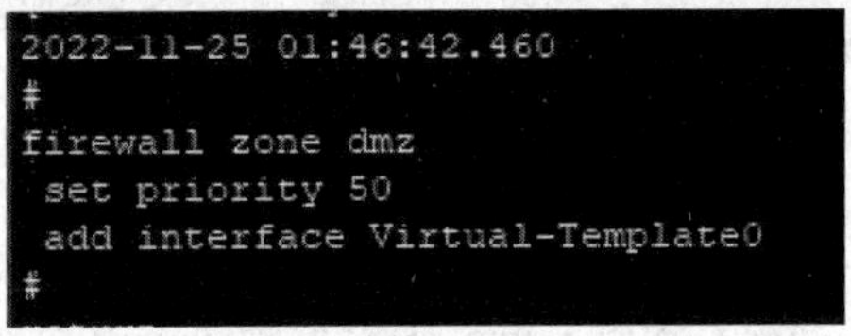

图 10-19　虚拟接口模板加入安全区域

（4）配置 L2TP 组，配置参考命令如下：

```
[LNS] l2tp-group 1
[LNS-l2tp-2] allow l2tp virtual-template 0 remote lac
```

```
[LNS-l2tp-2] tunnel authentication
[LNS-l2tp-2] tunnel password cipher Password123
[LNS-l2tp-2] quit
```

说明：lac 是远端隧道名称，authentication 是本地隧道名称。

（5）配置地址池，配置参考命令如下：

```
[LNS] ip pool pool1
[LNS-ip-pool-pool1] section 1 192.168.1.2 192.168.1.100
[LNS-ip-pool-pool1] quit
```

说明：为使 L2TP 拨号用户能够正常访问内网地址，L2TP 拨号上来的用户分配的地址不能和内网用户的地址在同一网段，否则内网 PC 请求拨号用户 IP 的 MAC 地址时，由于在同一网段，直接请求对应 IP 地址的 ARP，但是 ARP 报文无法到达拨号用户，使内网 PC 无法获取拨号上来的用户 IP 的 MAC 地址，会引起业务不通。

（6）配置 L2TP 接入用户和认证策略。

① 配置接入用户使用的业务方案，配置参考命令如下：

```
[LNS] aaa
[LNS-aaa] service-scheme l2tp
[LNS-aaa-service-l2tp] ip-pool pool1
[LNS-aaa-service-l2tp] quit
```

② 配置认证域，应用业务方案，配置参考命令如下：

```
[LNS-aaa] domain net1
[LNS-aaa-domain-net1] service-type l2tp
[LNS-aaa-domain-net1] service-scheme l2tp
```

③ 配置访问用户，并把用户与认证域进行关联，配置参考命令如下：

```
[LNS] user-manage user vpdnuser domain net1
[LNS-localuser-vpdnuser@net1] password Admin@123
[LNS-localuser-vpdnuser@net1] quit
```

3. 安全策略配置

（1）开启 Untrust 和 Local 安全区域的域间策略，保证隧道的建立，配置参考命令如下，配置结果如图 10-20 所示。

```
[LNS-policy-security]rule name untru-local
[LNS-policy-security-rule-untru-local]source-zone untrust
[LNS-policy-security-rule-untru-local]destination-zone local
[LNS-policy-security-rule-untru-local]destination-address 20.1.1.1 32
[LNS-policy-security-rule-untru-local]action permit
```

```
2022-11-25 02:52:33.930
#
 rule name untru-local
  source-zone untrust
  destination-zone local
  destination-address 20.1.1.1 mask 255.255.255.255
  action permit
#
```

图 10-20 开启 Untrust 和 Local 安全区域的域间策略

（2）开启 DMZ 到 Trust 安全区域的域间策略，保证解包后的报文能够正常发送，配置参考命令如下，配置结果如图 10-21 所示。

```
[LNS-policy-security]rule name dmz-trust
[LNS-policy-security-rule-dmz-trust]source-zone dmz
[LNS-policy-security-rule-dmz-trust]destination-zone trust
[LNS-policy-security-rule-dmz->trust]source-address 192.168.1.0 24
[LNS-policy-security-rule-dmz->trust]destination-address 10.1.1.10 32
[LNS-policy-security-rule-dmz->trust]action permit
```

```
2022-11-25 03:04:31.500
#
 rule name dmz->trust
  source-zone dmz
  destination-zone trust
  source-address 192.168.1.0 mask 255.255.255.0
  destination-address 10.1.1.10 mask 255.255.255.255
  action permit
#
```

图 10-21 开启 DMZ 到 Trust 安全区域的域间策略

10.5 任务 4：客户端配置

10.5.1 任务说明

对客户端进行任务配置。客户端参数配置按照 10.4 节任务 3 的 LNS 参数进行对应配置。

任务 4 客户端
配置

10.5.2 任务实施过程

（1）启动 SecoClient 客户端，如图 10-22 所示。

（2）单击"新建连接"，如图 10-23 所示。

（3）选择 L2TP/IPSec 选项，如图 10-24 所示。

图 10-22　启动 SecoClient 客户端

图 10-23　新建连接

图 10-24　选择 L2TP/IPSec 选项

（4）做以下配置。连接名称 L2TPtest（可自行设置）。LNS 服务器地址 20.1.1.1 为防火墙的 GE 1/0/2 接口公网 IP 地址，隧道名称 lac 是本客户端的隧道名称（需要跟 LNS 中配置的对端隧道名称保持一致），认证模式选择 CHAP（需要跟 LNS 中配置的认证模式保持一致），隧道验证密码是 Password123（需要跟 LNS 中配置的隧道密码一致），如图 10-25 所示。

（5）只对目的地址开放 VPN 连接，其他流量不经 VPN 进行访问，否则会使物理机不能访问外网，如图 10-26 所示。

图 10-25　L2TP 设置

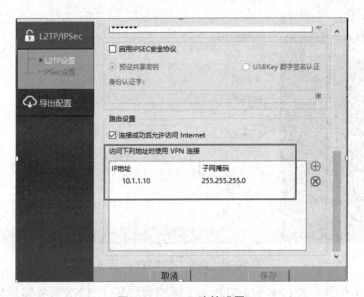

图 10-26　VPN 连接设置

（6）单击"确定"按钮，进入登录界面，如图 10-27 所示，输入相关信息。

说明：服务器地址是 LNS 提供的公网访问地址，用户名和密码输入 LNS 中配置认证的用户名和密码，分别是 vpdnuser@net1、Admin@123。注意用户名要加域名 net1。

（7）单击"登录"按钮，桌面右下角会弹出提示框，如图 10-28 所示，表明 L2TP 隧道协商成功。

图 10-27　登录界面

图 10-28　协商成功

10.6　任务 5：需求验证

10.6.1　任务说明

对需求进行验证，主要包括出差员工能通过 L2TP-VPN 隧道访问公司，并通过 Wireshark 抓取相关报文查看 L2TP 封装报文的结构。

任务 5　需求验证

10.6.2　任务实施过程

（1）进入网络适配器查看，产生新的虚拟适配器"以太网 5"，如图 10-29 所示（该命名根据个人计算机适配器情况生成）。

查看其 IP 地址是 192.168.1.87，说明是按照 LNS 地址池中的地址进行的分配，如图 10-30 所示。

图 10-29　虚拟适配器

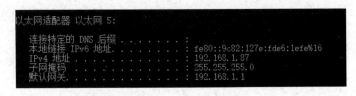

图 10-30　查看 IP 地址

（2）利用物理机 ping Server1 测试，结果显示能正常通信，测试效果如图 10-31 所示。

（3）让物理机一直 ping Server1（-t），同时分别在 GE 1/0/2 接口和 GE 1/0/0 接口抓包，对比 L2TP 封装前后 ICMP 报文。

① L2TP 封装前报文（GE 1/0/2 接口抓包）如图 10-32 所示。

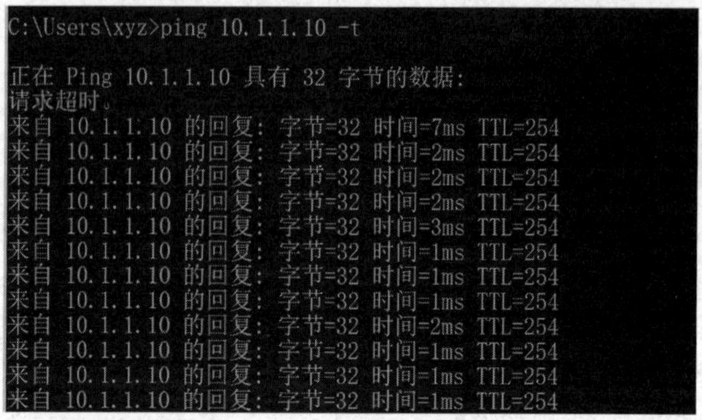

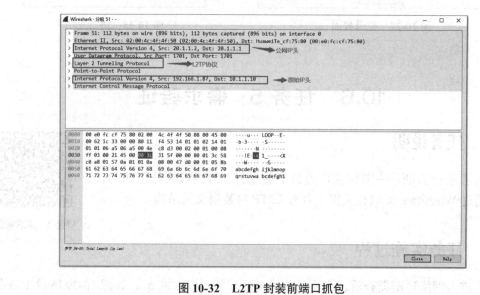

图 10-31 物理机 ping Server1

图 10-32 L2TP 封装前端口抓包

说明: 以上是 L2TP 封装传输的隧道报文,可以看出 L2TP 是封装在 PPP 链路层协议之上,所以说 L2TP 是二层的 VPN 协议。另外可以看出 UDP 端口是 1701。所以如果安全策略需要精准放行该协议,可以基于此端口放行。

②L2TP 包解封后报文 (GE 1/0/0 接口抓包),如图 10-33 所示。

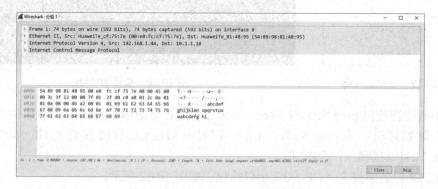

图 10-33 L2TP 封装后端口抓包

习　题

（1）（单选题）L2TP 是（　　）层的隧道协议。

　　A. 二层　　　　　　B. 三层　　　　　　C. 四层　　　　　　D. 都不是

（2）（多选题）L2TP 是为在用户和企业的服务器之间透明传输 PPP 报文而设置的隧道协议，它包括以下（　　）特性。

　　A. 适用于点到网的协议

　　B. 支持私有地址分配，不占用共有地址

　　C. 与 PPP 配合支持认证功能，与 Radius 配合支持灵活的本地和远端的 AAA

　　D. 与 IPSec 结合，支持对报文的加密

（3）（多选题）在 L2TP 隧道建立过程中，需要在 LAC 和 LNS 间交互报文，下列不属于隧道建立过程中交互的报文有（　　）。

　　A. SCCRQ　　　　B. ICRQ　　　　　　C. SCCCN

　　D. Hello　　　　　E. CDN

（4）（简答题）简述 client-initialized VPN 建立过程。

思政聚焦：夯实职业素养　助力国家高质量发展

随着我国现代职业教育体系建设的不断深化和完善，以及产业转型升级对高素质人才的迫切需求，高等职业教育已从扩大规模，转变为提升教育质量和培育高素质人才。高校的技术技能人才不仅需要具备精湛的职业技能，还需要具有优秀的职业素养。职业素养是影响职业发展的重要因素。

职业素养是指社会人完成和发展职业活动所必需的基本意识、能力和知识的集合，反映了从业者在从业过程中的精神状态和能力水平。职业素养可以总结为职业思想、职业道德、职业行为习惯和职业技能四个方面。

培养和夯实职业素养最直接的意义就是能大幅提升自身的就业竞争力。职业素养的自我提升可以从以下几个方面进行。

（1）强化自身的科学创新能力。科创精神是一个民族不断保持进步的灵魂。平时注重自我科学思维和创新精神的训练，敢于抒发自己的不同意见，敢于探索发现，只有具备科学精神和创新能力，才能在职场中发挥最大的价值。

（2）提升自身的爱岗敬业精神。只有敬业爱岗的人才会在自身的工作岗位上不断地钻研探索，精益求精，为社会、国家做出更大的贡献。

（3）提高自身的团队合作精神。当今的职场非常重视团队协作，团队合作能力是职场中必备的技能之一，个人能力虽然重要，但是一个团队的通力合作才是一个集体迸发 1+1 大于 2 的关键。所以学生在校期间，要积极培养自身的团队协作能力，沟通理解能力以及

互相尊重的良好素养。

（4）增强奉献和服务意识。奉献精神指不求回报的全身心的付出，是一种高尚的道德信念和情操，也是全人类共同尊崇的价值追求和中华民族的传统美德。当代大学生要自觉呼应新时代要求，切实发挥自身优势，发扬奉献和服务精神，积极参与推进国家经济社会的高质量发展。

项目 11 IPSec VPN

项目 9 和项目 10 中，小蔡借用 GRE VPN 和 L2TP VPN 技术很好地完成了任务，但同时他发现了一个问题，即无论是 GRE 隧道或者 L2TP 隧道，抓获的报文都是明文传输，没有任何安全加密措施。那么有没有一种更加安全的 VPN 技术呢？

小蔡带着疑问找到项目经理，经过请教，他找到了问题的答案：IPSec VPN 技术。该技术可以在安全网关（如防火墙）之间、主机与安全网关之间、主机与主机之间实现流量的加解密安全传输。如图 11-1 所示便是一种 IPSec VPN 应用在安全网关之间的示意图。

图 11-1 两个网关之间通过 IPSec VPN 隧道建立连接示意图

11.1 知识引入

11.1.1 IPSec 简介

IPSec（Internet protocol security）是 IETF（Internet engineering task force）制定的一组开放的网络安全协议，这是为实现 VPN 功能而使用的较普遍的协议。IPSec 不是一个单独的协议，它给出了应用于 IP 层上网络数据安全的一整套体系结构。该体系结构包括认证头协议（authentication header，AH）、封装安全负载协议（encapsulating security payload，ESP）、密钥管理协议（Internet key exchange，IKE）和用于网络认证及加密的一些算法等。IPSec 规定了如何在对等体之间选择安全协议、确定安全算法和密钥交换，向上提供了访问控制、数据源认证、数据加密等网络安全服务。

11.1.2 IPSec VPN 体系结构

IPSec VPN 体系结构如图 11-2 所示，主要包括以下几部分。

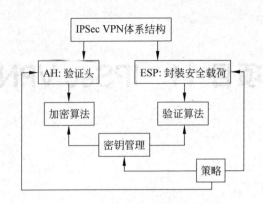

图 11-2　IPSec VPN 体系结构图

1. 加密和验证

IPSec 通过加密与验证等方式，从以下几个方面保障了用户业务数据在 Internet 中的安全传输。

- 数据来源验证：接收方验证发送方身份是否合法。
- 数据加密：发送方对数据进行加密，以密文的形式在 Internet 上传送，接收方对接收的加密数据进行解密后处理或直接转发。
- 数据完整性：接收方对接收的数据进行验证，以判定报文是否被篡改。
- 抗重放：接收方拒绝旧的或重复的数据包，防止恶意用户通过重复发送捕获到的数据包所进行的攻击。
- IPSec 采用对称加密算法对数据进行加密和解密，对称加密算法是指数据发送方和接收方使用相同的密钥进行加密、解密。常用的加密算法有 DES、3DES、AES。
- 虽然加密后的数据只能通过原始的加密密钥进行解密，但是无法验证解密后的信息是否是原始发送的信息。IPSec 加密后的报文经过验证算法处理生成数字签名，在接收设备中，通过比较数字签名进行数据完整性和真实性验证。常用的验证算法有 MD5、SHA1、SHA2。

2. 安全封装协议和封装模式

（1）封装协议。IPSec 使用认证头 AH 和封装安全载荷 ESP 两种 IP 传输层协议来提供认证或加密等安全服务。

AH 报文头验证协议主要提供的功能有数据源验证、数据完整性校验和防报文重放功能。然而，AH 并不加密所保护的数据报文。

ESP 是封装安全载荷协议。该协议除提供 AH 协议的所有功能外（但其数据完整性校验不包括 IP 头），还提供对 IP 报文的加密功能。

IPSec 通过 AH 和 ESP 这两个安全协议来实现数据报在网络上传输时的保密性、完整性、真实性和防重放。

（2）封装模式包括以下两种。

① 隧道模式。在隧道模式下，IPSec 头（AH 或 ESP）被插到原始 IP 头之前，另外生成一个新的报文头放到 IPSec 头之前，如图 11-3 所示。

　　隧道模式使用新的报文头来封装消息，新 IP 头中的源或目的地址为隧道两端的公网 IP 地址，所以隧道模式适用于两个网关之间建立 IPSec 隧道，可以保护两个网关后面的两个网络之间的通信，该模式是目前比较常用的封装模式。

　　② 传输模式。在传输模式下，IPSec 头（AH 或 ESP）被插入 IP 头之后但在所有传输层协议之前，或所有其他 IPSec 协议之前，如图 11-4 所示。

新IP头	IPSec头	原IP头	原IP数据

原IP头	IPSec头	原IP数据

图 11-3　隧道模式封装结构图　　　　　**图 11-4　传输模式封装结构图**

　　传输模式不改变报文头，隧道的源和目的地址就是最终通信双方的源和目的地址，通信双方只能保护自己发出的消息，不能保护一个网络的消息，所以该模式只适用于两台主机之间通信。

3. 安全联盟

　　IPSec 中通信双方建立的连接叫作安全联盟 SA（security association），即通信双方使用相同的封装模式、加密算法、加密密钥、验证算法、验证密钥来进行数据通道的建立。

　　有两种方式建立 IPSec 安全联盟：手工方式和 IKE 自动协商方式。这两者的区别如下。

　　（1）手工方式下，建立 SA 所需的全部参数，包括加密、验证密钥，都需要用户手工配置，也只能手工刷新。在中大型网络中，这种方式的密钥管理成本很高。

　　（2）IKE 方式下，建立 SA 需要的加密、验证密钥是通过 DH 算法生成的，可以动态刷新，因而密钥管理成本低，且安全性较高。

　　此外，两种方式的生存周期也不同。手工方式建立的 SA，一经建立将永久存在。IKE 方式建立的 SA，其生存周期由双方配置的生存周期参数控制。

4. IKE 协议

　　（1）功能。为了保证 IPSec VPN 的长期安全，需要经常修改加密和验证密钥。IKE 协议具有一套自保护机制，可以在不安全的网络上安全地认证身份、分发密钥、建立 IPSec SA。IKE 在 IPSec 协议的作用主要是：

- 降低手工配置的复杂度；
- 安全联盟定时更新；
- 密钥定时更新；
- 允许 IPSec 提供反重放服务；
- 允许在端与端之间动态认证。

　　（2）版本。IKE 协议分 IKEv1 和 IKEv2 两个版本。IKEv2 与 IKEv1 相比有以下优点：简化了安全联盟的协商过程，提高了协商效率。修复了多处公认的密码学方面的安全漏洞，提高了安全性能。加入对 EAP（extensible authentication protocol）身份认证方式的支持，提高了认证方式的灵活性和可扩展性。

　　（3）IKE 建立安全联盟过程。对等体之间建立一个 IKE SA 完成身份验证和密钥信息交换后，在 IKE SA 的保护下，根据配置的 AH/ESP 安全协议等参数协商出一对 IPSec

SA。此后，对等体间的数据将在 IPSec 隧道中加密传输。

IKE 经过如下两个阶段的工作，就可以为 IPSec 进行密钥协商并建立安全联盟。

第一阶段，通信各方彼此间建立了一个已通过身份验证和安全保护的隧道，即 IKE SA。协商模式包括主模式、野蛮模式。认证方式包括预共享密钥、数字签名方式、公钥加密。

第二阶段，使用在第一阶段建立的安全隧道为 IPSec 协商安全服务，建立 IPSec SA。IPSec SA 用于最终的 IP 数据安全传送，协商模式为快速模式。

其建立过程如图 11-5 所示。

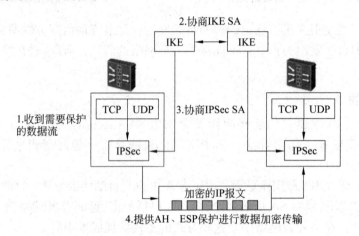

图 11-5　IKE 与 IPSec 的关系图

主要步骤如下：

（1）收到需要保护的数据流；

（2）协商 IKE SA；

（3）协商 IPSec SA；

（4）提供 AH、ESP 保护进行数据加密传输。

11.1.3　IPSec VPN 应用场景

IPSec VPN 有三种应用场景，如图 11-6 所示。

（1）site-to-site（网站到网站或网关到网关）：比如分支机构和总公司之间通过网关建立 IPSec 隧道实现安全互联。本项目属于此应用场景。

（2）end-to-end（端到端或 PC 到 PC）：PC 和 PC 之间建立 IPSec 隧道实现安全互联。

（3）end-to-site（端到站点或 PC 到网关）：PC 和网关之间建立 IPSec 隧道实现安全互联。

11.1.4　关键配置命令

关键配置过程及相关命令含义解释如下。

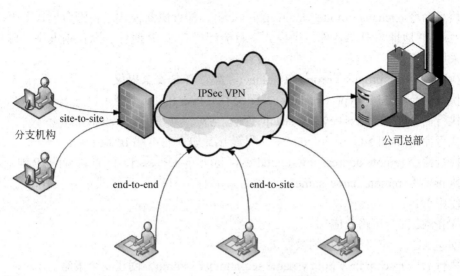

图 11-6 IPSec VPN 应用场景示意图

（1）IPSec 提议。

- 执行命令 ipsec proposal proposal-name，创建安全提议并进入安全提议视图。
- 执行命令 transform {ah|ah-esp|esp}，选择安全协议。默认情况下使用 ESP。
- 执行命令 encapsulation-mode tunnel，选择报文封装形式。
- 执行命令 ah authentication-algorithm {md5|sha1}，设置 AH 协议采用的验证算法。默认情况下，在 IPSec 安全提议中 AH 协议采用 MD5 验证算法。
- 执行命令 esp authentication-algorithm {md5|sha1}，设置 ESP 协议采用的验证算法。默认情况下使用 MD5，即 MD5 验证算法。
- 执行命令 esp encryption-algorithm {3des|des|aes|scb2}，设置 ESP 协议采用的加密算法。默认情况下使用 DES 加密算法。

（2）IKE 提议。

- 执行命令 ike proposal proposal-number，创建并进入 IKE 安全提议视图。
- 执行命令 authentication-method pre-share，设置验证方法。如果选择了 pre-shared key 验证方法，需要为每个对端配置预共享密钥。建立安全连接的两个对端的预共享密钥必须一致。
- 执行命令 encryption-algorithm {des-cbc|3des-cbc}，选择加密算法。默认情况下使用 CBC 模式的 56 bits DES 加密算法。
- 执行命令 authentication-algorithm {md5|sha}，选择验证算法。默认使用 SHA1 验证算法。
- 执行命令 dh {group1|group2|group5}，选择 Diffie-Hellman 组标识。默认为 group1，即 768-bit 的 Diffie-Hellman 组。
- 执行命令 sa duration interval，设置安全联盟生存周期。

（3）IPSec 配置过程——IKE 对等体。

- 执行命令 ike peer peer-name，创建 IKE Peer 并进入 IKE Peer 视图。

- 执行命令 exchange-mode {main|aggressive}，配置协商模式。在野蛮模式下可以配置对端 IP 地址与对端名称，主模式下只能配置对端 IP 地址。默认情况下，IKE 协商采用主模式。
- 执行命令 ike-proposal proposal-number，配置 IKE 安全提议。
- 执行命令 local-id-type {ip|name}，配置 IKE Peer 的 ID 类型（可选）。
- 执行命令 pre-shared-key key-string，配置与对端共享的 pre-shared key。
- 执行命令 local-address ip-address，配置 IKE 协商时本端 IP 地址。
- 执行命令 remote-address low-ip-address [high-ip-address]，配置对端的 IP 地址。
- 执行命令 remote-name name，配置对端名称（只在野蛮模式下才使用名字认证时使用）。

（4）IPSec 安全策略及应用。

- 创建 ACL，定义受保护的数据流。
- 执行命令 ipsec policy policy-name seq-number isakmp，创建安全策略。
- 执行命令 proposal proposal-name&<1-6>，在安全策略模板中引用安全提议。
- 执行命令 sa duration {traffic-based kilobytes|time-based interval}，配置 SA 的生存周期（可选）。
- 执行命令 ike-peer peer-name，引用 IKE Peer。
- 执行命令 security acl acl-number，设置安全策略引用的访问控制列表。
- 执行命令 interface interface-type interface-number，进入接口视图。此处应该选择网络出接口。
- 执行命令 ipsec policy policy-name，引用安全策略。

11.2　任务 1：仿真拓扑设计和配置思路

11.2.1　拓扑图设计

根据案例场景中的需求，设计以下拓扑图，如图 11-7 所示。网络环境描述如下：PC1 属于 10.1.1.0/24 子网，通过接口 GigabitEthernet 1/0/3 与 FW_A 连接。Server1 属于 10.1.2.0/24 子网，通过接口 GigabitEthernet 1/0/3 与 FW_B 连接。FW_A 和 FW_B 路由可达。在 FW_A 和 FW_B 之间建立 IKE 方式的 IPSec 隧道，使网络 A 和网络 B 的用户可通过 IPSec 隧道互相访问。其他各网络参数信息见拓扑图。

任务 1　仿真拓扑设计和配置思路

11.2.2　配置思路

对于 FW_A 和 FW_B，配置思路相同，具体如下。

（1）完成接口基本配置。

（2）配置安全策略，允许私网指定网段进行报文交互。

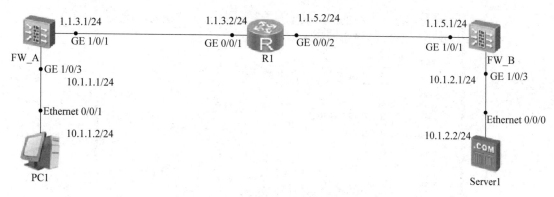

图 11-7   案例场景拓扑图

（3）配置到对端内网的路由。

（4）配置 IPSec 策略。包括配置 IPSec 策略的基本信息，配置待加密的数据流，配置安全提议的协商参数。

配置思路如图 11-8 所示。

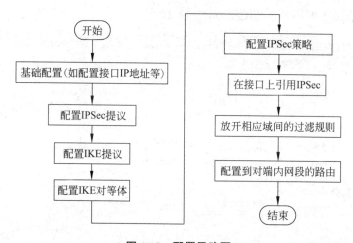

图 11-8   配置思路图

11.3   任务 2：外围设备基础配置

11.3.1   任务说明

对 PC1、Server1、路由器、防火墙进行基础网络配置。

11.3.2   任务实施过程

任务 2   外围设备
基础配置

（1）配置 PC1 网络基本参数，如图 11-9 所示。

图 11-9　PC1 网络参数配置图

（2）配置 Server1 网络基本参数，如图 11-10 所示。

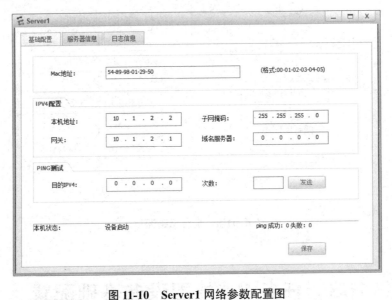

图 11-10　Server1 网络参数配置图

（3）配置路由器基本网络参数，配置参考命令如下：

```
#
interface GigabitEthernet0/0/1
  ip address 1.1.3.2 255.255.255.0
#
interface GigabitEthernet0/0/2
  ip address 1.1.5.2 255.255.255.0
#
```

11.4　任务 3：FW_A 配置

11.4.1　任务说明

对 FW_A 进行任务配置。包括以下四个步骤。

（1）完成安全区域划分和网络基础配置。

（2）配置安全策略，允许私网指定网段进行报文交互。

（3）配置到对端内网的路由。

任务 3　FW_A 配置

（4）配置 IPSec 策略。包括配置 IPSec 策略的基本信息，配置待加密的数据流，配置安全提议的协商参数。

11.4.2　任务实施过程

1. 安全区域划分和网络基础配置

（1）配置防火墙相关端口网络基本参数。配置参考命令如下：

```
#
interface GigabitEthernet1/0/1
  undo shutdown
  ip address 1.1.3.1 255.255.255.0
#
interface GigabitEthernet1/0/3
  undo shutdown
  ip address 10.1.1.1 255.255.255.0
#
```

（2）防火墙安全区域划分，将 GE 1/0/1 接口加入 Untrust 区域，将 GE 1/0/3 接口加入 Trust 区域。配置参考命令如下：

```
#
firewall zone trust
  set priority 85
  add interface GigabitEthernet1/0/3
#
firewall zone untrust
  set priority 5
  add interface GigabitEthernet1/0/1
#
```

（3）防火墙静态路由配置，使公网路由可达。配置参考命令如下：

```
#
ip route-static 1.1.5.0 255.255.255.0 1.1.3.2
#
```

（4）配置到达目的网络 B 的静态路由，到达网络 B 的下一跳地址为 1.1.3.2。将流量引导到应用了 IPSec 策略的接口，目的是让 IPSec 保护的流量触发 IKE 协商。配置参考命令如下：

```
#
ip route-static 10.1.2.0 255.255.255.0 1.1.3.2
#
```

2. 配置域间安全策略

在典型的 IPSec VPN 应用中，VPN 网关（即 Firewall_A 和 Firewall_B）之间首先通过 IKE 协议协商安全联盟，然后使用协商出的 AH 或 ESP 来提供认证或加密传输。其中，ISAKMP 消息用于 IKE 协商，使用 UDP 报文封装，端口号为 500。ESP 提供认证和加密功能，AH 协议仅支持认证功能，因此通常使用 ESP。一般情况下，点到点 VPN 隧道两端的子网都可能会主动发起业务访问，因此，Firewall_A 和 Firewall_B 都可能会主动发起 IKE 协商。Firewall_A 侧安全策略与 Firewall_B 侧互为镜像。

（1）配置 Trust 域到 Untrust 域之间的域间安全策略，允许 PC1 主动访问 Server1 的流量通过，因为 IPSec 协商报文需要被保护的流量触发。配置参考命令如下：

```
#
rule name policy1
  source-zone trust
  destination-zone untrust
  source-address 10.1.1.0 mask 255.255.255.0
  destination-address 10.1.2.0 mask 255.255.255.0
  action permit
#
```

（2）配置 Local 到 Untrust 之间的域间安全策略，允许 isakmp（UDP：500）报文通过，建立协商。配置参考命令如下：

```
#
rule name policy2
  source-zone local
  destination-zone untrust
  source-address 1.1.3.1 mask 255.255.255.255
  destination-address 1.1.5.1 mask 255.255.255.255
  action permit
#
```

（3）配置 Untrust 域到 Trust 域之间的域间安全策略，允许解包后 Server1 主动访问

PC1 的原始流量通过。配置参考命令如下：

```
#
  rule name policy3
  source-zone untrust
  destination-zone trust
  source-address 10.1.2.0 mask 255.255.255.0
  destination-address 10.1.1.0 mask 255.255.255.0
  action permit
#
```

（4）配置 Untrust 与 Local 区域之间的域间安全策略。目的是放行接收到的 ESP 报文和来自对方主动发起的 isakmp（UDP：500）报文。配置参考命令如下：

```
#
rule name policy4
  source-zone untrust
  destination-zone local
  source-address 1.1.5.1 mask 255.255.255.255
  destination-address 1.1.3.1 mask 255.255.255.255
  action permit
#
```

注意： 防火墙加密后发出 ESP 报文时是不建立会话的，不经防火墙转发流程，也不做安全策略检查。但是防火墙收到 ESP 报文进行解密时，需要先建会话并经过转发流程，做安全策略检查，所以这里配置的安全策略是针对收到的 ESP 报文。

3. 在 FW_A 上配置 IPSec 策略，并在接口上应用此 IPSec 策略

（1）定义被保护的数据流。配置高级 ACL 3000，允许 10.1.1.0/24 网段访问 10.1.2.0/24 网段。配置参考命令如下：

```
[FW_A] acl 3000
[FW_A-acl-adv-3000] rule permit ip source 10.1.1.0 0.0.0.255
destination    10.1.2.0 0.0.0.255
[FW_A-acl-adv-3000] quit
```

（2）配置 IPSec 安全提议。默认参数可不配置，默认认证算法和加密算法如图 11-11 所示，可以不用配置。配置参考命令如下：

```
[FW_A] ipsec proposal tran1
[FW_A-ipsec-proposal-tran1] quit
```

（3）配置 IKE 安全提议。默认参数可不配置。配置参考命令如下：

```
[FW_A] ike proposal 10
[FW_A-ike-proposal-10] quit
```

默认参数如图 11-12 所示。

```
[FW_A-ipsec-proposal-tran1]dis th
2022-12-01 12:44:06.090
#
ipsec proposal tran1
 esp authentication-algorithm sha2-256
 esp encryption-algorithm aes-256
#
```

```
#
ike proposal 10
 encryption-algorithm aes-256
 dh group14
 authentication-algorithm sha2-256
 authentication-method pre-share
 integrity-algorithm hmac-sha2-256
 prf hmac-sha2-256
```

图 11-11 IPSec 安全默认配置   图 11-12 IKE 安全默认配置

（4）配置 IKE peer。配置参考命令如下：

```
[FW_A] ike peer b
[FW_A-ike-peer-b] ike-proposal 10
[FW_A-ike-peer-b] remote-address 1.1.5.1
[FW_A-ike-peer-b] pre-shared-key Test!1234
[FW_A-ike-peer-b] quit
```

（5）配置 IPSec 策略。配置参考命令如下：

```
[FW_A] ipsec policy map1 10 isakmp
[FW_A-ipsec-policy-isakmp-map1-10] security acl 3000
[FW_A-ipsec-policy-isakmp-map1-10] proposal tran1
[FW_A-ipsec-policy-isakmp-map1-10] ike-peer b
[FW_A-ipsec-policy-isakmp-map1-10] quit
```

（6）在接口 GigabitEthernet 1/0/1 上应用 IPSec 策略组 map1。配置参考命令如下：

```
[FW_A] interface GigabitEthernet 1/0/1
[FW_A-GigabitEthernet1/0/1] ipsec policy map1
[FW_A-GigabitEthernet1/0/1] quit
```

11.5　任务 4：FW_B 配置

11.5.1　任务说明

对 FW_B 进行任务配置。包括以下四个步骤。

（1）完成安全区域划分和网络基础配置。

（2）配置安全策略，允许私网指定网段进行报文交互。

（3）配置到对端内网的路由。

任务 4　FW_B 配置

（4）配置 IPSec 策略。包括配置 IPSec 策略的基本信息，配置待加密的数据流，配置安全提议的协商参数。

11.5.2 任务实施过程

1. 安全区域划分和网络基础配置

（1）配置防火墙相关端口网络基本参数。配置参考命令如下：

```
#
interface GigabitEthernet1/0/1
  undo shutdown
  ip address 1.1.5.1 255.255.255.0
#
interface GigabitEthernet1/0/3
  undo shutdown
  ip address 10.1.2.1 255.255.255.0
#
```

（2）防火墙安全区域划分，将 GE 1/0/1 接口加入 Untrust 区域，将 GE 1/0/3 接口加入 Trust 区域。配置参考命令如下：

```
#
firewall zone trust
  set priority 85
  add interface GigabitEthernet1/0/3
#
firewall zone untrust
  set priority 5
  add interface GigabitEthernet1/0/1
#
```

（3）防火墙静态路由配置，使公网路由可达。配置参考命令如下：

```
#
ip route-static 1.1.3.0 255.255.255.0 1.1.5.2
#
```

（4）配置到达目的网络 A 的静态路由，到达网络 A 的下一跳地址为 1.1.5.2。将流量引导到应用了 IPSec 策略的接口，目的是让 IPSec 保护的流量触发 IKE 协商。配置参考命令如下：

```
#
ip route-static 10.1.1.0 255.255.255.0 1.1.5.2
#
```

2. 配置域间安全策略

（1）配置 Trust 域到 Untrust 域之间的域间安全策略，允许 Server1 主动访问 PC1 的流量通过，因为 IPSec 协商报文需要流量触发。配置参考命令如下：

```
#
rule name policy1
  source-zone trust
  destination-zone untrust
  source-address 10.1.2.0 mask 255.255.255.0
  destination-address 10.1.1.0 mask 255.255.255.0
  action permit
#
```

（2）配置 Local 到 Untrust 之间的域间安全策略，允许 isakmp（UDP：500）报文通过，建立协商。配置参考命令如下：

```
#
rule name policy2
  source-zone local
  destination-zone untrust
  source-address 1.1.5.1 mask 255.255.255.255
  destination-address 1.1.3.1 mask 255.255.255.255
  action permit
#
```

（3）配置 Untrust 域到 Trust 域之间的域间安全策略，允许解包后 PC1 主动访问 Server1 的原始流量通过。配置参考命令如下：

```
#
rule name policy3
  source-zone untrust
  destination-zone trust
  source-address 10.1.1.0 mask 255.255.255.0
  destination-address 10.1.2.0 mask 255.255.255.0
  action permit
#
```

（4）配置 Untrust 与 Local 区域之间的域间安全策略，目的是放行接收到的 ESP 报文和来自对方主动发起的 isakmp（UDP：500）报文。配置参考命令如下：

```
rule name policy4
  source-zone untrust
  destination-zone local
  source-address 1.1.3.1 mask 255.255.255.255
  destination-address 1.1.5.1 mask 255.255.255.255
  action permit
```

3. 在 FW_B 上配置 IPSec 策略，并在接口上应用此 IPSec 策略

（1）定义被保护的数据流。配置高级 ACL 3000，允许 10.1.2.0/24 网段访问 10.1.1.0/24 网段。配置参考命令如下：

```
[FW_B] acl 3000
[FW_B-acl-adv-3000] rule permit ip source 10.1.2.0 0.0.0.255 destination
10.1.1.0 0.0.0.255
[FW_B-acl-adv-3000] quit
```

（2）配置 IPSec 安全提议。默认参数可不配置；默认认证算法和加密算法如图 11-13 所示，可以不用配置。可以看出默认的安全协议是 ESP，具有加密和验证功能。配置参考命令如下：

```
[FW_B] ipsec proposal tran1
[FW_B-ipsec-proposal-tran1] quit
```

（3）配置 IKE 安全提议。默认参数可不配置。配置参考命令如下：

```
[FW_B] ike proposal 10
[FW_B-ike-proposal-10] quit
```

默认参数如图 11-14 所示。

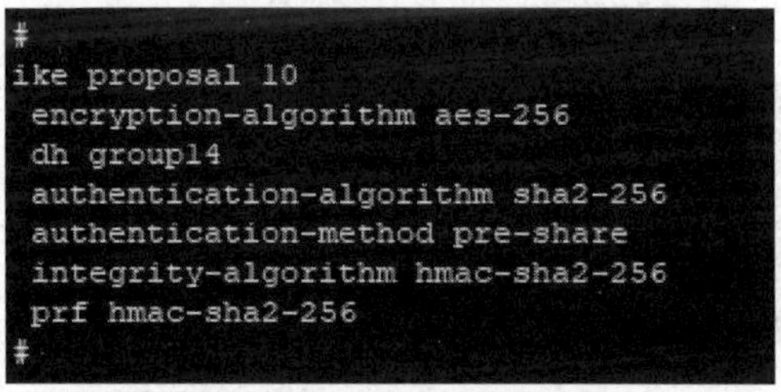

```
#
ike proposal 10
 encryption-algorithm aes-256
 dh group14
 authentication-algorithm sha2-256
 authentication-method pre-share
 integrity-algorithm hmac-sha2-256
 prf hmac-sha2-256
#
```

图 11-13　IPSec 安全默认配置

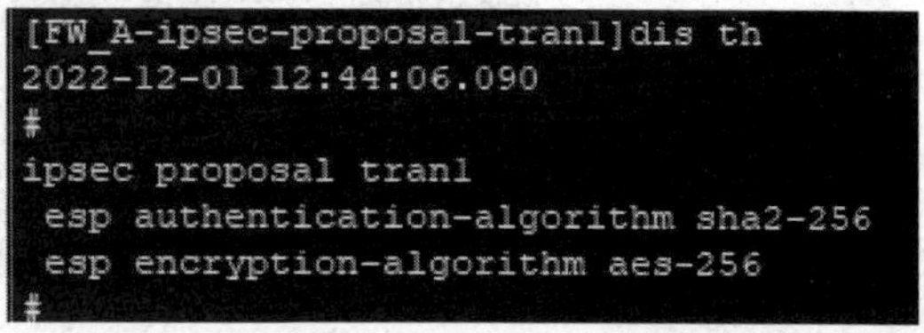

```
[FW_A-ipsec-proposal-tran1]dis th
2022-12-01 12:44:06.090
#
ipsec proposal tran1
 esp authentication-algorithm sha2-256
 esp encryption-algorithm aes-256
#
```

图 11-14　IKE 安全默认配置

（4）配置 IKE peer。配置参考命令如下：

```
[FW_B] ike peer a
[FW_B-ike-peer-a] ike-proposal 10
[FW_B-ike-peer-a] remote-address 1.1.3.1
[FW_B-ike-peer-a] pre-shared-key Test!1234
[FW_B-ike-peer-a] quit
```

（5）配置 IPSec 策略。配置参考命令如下：

```
[FW_B] ipsec policy map1 10 isakmp
[FW_B-ipsec-policy-isakmp-map1-10] security acl 3000
[FW_B-ipsec-policy-isakmp-map1-10] proposal tran1
```

```
[FW_B-ipsec-policy-isakmp-map1-10] ike-peer a
[FW_B-ipsec-policy-isakmp-map1-10] quit
```

（6）在接口 GigabitEthernet 1/0/1 上应用 IPSec 策略组 map1。配置参考命令如下。

```
[FW_B] interface GigabitEthernet 1/0/1
[FW_B-GigabitEthernet1/0/1] ipsec policy map1
[FW_B-GigabitEthernet1/0/1] quit
```

11.6　任务 5：验证

11.6.1　任务说明

对需求进行验证。主要包括 PC1 能通过 IPSec-VPN 隧道访问 Server1，查看 IPSec 安全联盟的建立，并通过 Wireshark 抓取相关报文查看 IPSec 封装报文的结构。

任务 5　验证

11.6.2　任务实施过程

（1）PC1 ping Server1 测试，触发 IKE 协商，测试结果如图 11-15 所示。

```
PC>ping 10.1.2.2 -t

Ping 10.1.2.2: 32 data bytes, Press Ctrl_C to break
From 10.1.2.2: bytes=32 seq=1 ttl=253 time=16 ms
From 10.1.2.2: bytes=32 seq=2 ttl=253 time=31 ms
From 10.1.2.2: bytes=32 seq=3 ttl=253 time=31 ms
From 10.1.2.2: bytes=32 seq=4 ttl=253 time=47 ms
```

图 11-15　PC1 与 Server1 的 ping 测试

同时在 GE 0/0/2 接口抓包，可以看到 IKEv2 协商过程，交换了 4 条 ISAKMP 报文同时建立了 IKE SA 和 IPSec SA，如图 11-16 所示。

1 0.000000	HuaweiTe_37:37:16	Broadcast	ARP	60 Who has 1.1.5.1? Tell 1.1.5.2
2 0.031000	HuaweiTe_3d:58:15	HuaweiTe_37:37:16	ARP	60 1.1.5.1 is at 00:e0:fc:3d:58:15
3 0.047000	1.1.3.1	1.1.5.1	ISAKMP	499 IKE_SA_INIT MID=00 Initiator Request
4 0.235000	1.1.5.1	1.1.3.1	ISAKMP	499 IKE_SA_INIT MID=00 Responder Response
5 0.297000	1.1.3.1	1.1.5.1	ISAKMP	314 IKE_AUTH MID=01 Initiator Request
6 0.328000	1.1.5.1	1.1.3.1	ISAKMP	282 IKE_AUTH MID=01 Responder Response
7 1.235000	1.1.3.1	1.1.5.1	ESP	138 ESP (SPI=0x0b88d76b)
8 3.219000	1.1.3.1	1.1.5.1	ESP	138 ESP (SPI=0x0b88d76b)
9 3.235000	1.1.5.1	1.1.3.1	ESP	138 ESP (SPI=0x0b123e13)

图 11-16　ISAKMP 报文

提示：如果刚测试时会丢包，因为触发协商属于正常状态。若 IKE 协商成功，隧道建立后可以 ping 通 PC2。反之，IKE 协商失败，隧道没有建立，则 PC1 不能 ping 通 PC2。

（2）Server1 ping PC1 测试，也能正常通信，测试结果如图 11-17 所示。

图 11-17　PC1 与 Server1 的 ping 测试

（3）分别在 FW_A 和 FW_B 上执行 display ike sa、display ipsec sa 命令，会显示安全联盟的建立情况。

以 FW_A 为例，出现以下显示说明 IKE 安全联盟建立成功，如图 11-18 所示。

出现以下显示说明 IPSec 安全联盟建立成功，如图 11-19 所示。

（4）让 PC1 一直 ping Server1（-t），分别在 GE 1/0/1 接口和 GE 1/0/3 接口抓包，对比 ESP 封装前后报文。

```
[FW_A]dis ike sa
2022-12-01 13:13:21.190

IKE SA information :
Conn-ID    Peer                                        VPN          Flag(
s)              Phase  RemoteType  RemoteID
-------------------------------------------------------------------------
-------------------------------------------------
3          1.1.5.1:500                                              RD|ST
|A              v2:2   IP          1.1.5.1
1          1.1.5.1:500                                              RD|ST
|A              v2:1   IP          1.1.5.1

 Number of IKE SA : 2
```

图 11-18　查看显示安全联盟的建立

ESP 封装前：以下是在 GE 1/0/3 接口抓包，捕获的是原始报文，可以看出源和目的 IP 分别是 10.1.1.2，目的 IP 是 10.1.2.2，如图 11-20 所示。

IPSec 封装后：以下是在 GE 1/0/1 接口抓包，捕获的是 ESP 封包之后的报文，分析报文结构可以看出 ESP 对原始报文进行了封装，加上了新的公网 IP 头进行数据传输，同时对原始载荷进行了加密处理，如图 11-21 所示。

```
[FW_A]dis ipsec sa
2022-12-01 13:14:53.570

ipsec sa information:

===============================
Interface: GigabitEthernet1/0/1
===============================


    -----------------------------
  IPSec policy name: "map1"
  Sequence number  : 10
  Acl group        : 3000
  Acl rule         : 5
  Mode             : ISAKMP
    -----------------------------
    Connection ID     : 3
    Encapsulation mode: Tunnel
    Holding time      : 0d 1h 28m 42s
    Tunnel local      : 1.1.3.1:500
    Tunnel remote     : 1.1.5.1:500
    Flow source       : 10.1.1.0/255.255.255.0 0/0-65535
    Flow destination  : 10.1.2.0/255.255.255.0 0/0-65535

    [Outbound ESP SAs]
      SPI: 194542418 (0xb987b52)
      Proposal: ESP-ENCRYPT-AES-256 ESP-AUTH-SHA2-256-128
      SA remaining key duration (kilobytes/sec): 10485757/1340
      Max sent sequence-number: 68
      UDP encapsulation used for NAT traversal: N
      SA encrypted packets (number/bytes): 67/4020

    [Inbound ESP SAs]
      SPI: 189460070 (0xb4aee66)
      Proposal: ESP-ENCRYPT-AES-256 ESP-AUTH-SHA2-256-128
      SA remaining key duration (kilobytes/sec): 10485757/1340
      Max received sequence-number: 64
      UDP encapsulation used for NAT traversal: N
      SA decrypted packets (number/bytes): 68/4080
      Anti-replay : Enable
      Anti-replay window size: 1024
```

图 11-19 IPSec 安全联盟建立

图 11-20 ESP 封装前报文抓取

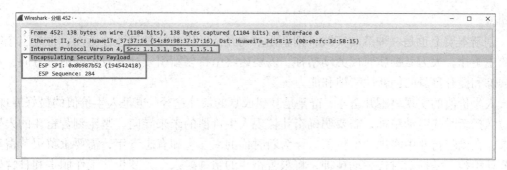

图 11-21 ESP 封装后报文抓取

习 题

（1）（单选题）部署 IPSec VPN 隧道模式时，采用 AH 协议进行报文封装。在新 IP 报文头部字段中，以下（   ）参数无须进行数据完整性校验。

    A. 源 IP 地址　　　　　B. 目的 IP 地址　　　　C. TTL　　　　　　　　D. Identification

（2）（单选题）在 IPSec VPN 传输模式中，数据报文被加密的区域是（   ）部分。

    A. 网络层及上层数据报文　　　　　　　B. 原 IP 报文头

    C. 新 IP 报文头　　　　　　　　　　　　D. 传输层及上层数据报文

（3）（单选题）关于 IPSec SA，以下（   ）说法是正确的。

    A. IPSec SA 是单向的　　　　　　　　　B. IPSec SA 是双向的

    C. 用于生成加密密钥　　　　　　　　　D. 用于生成机密算法

（4）（多选题）以下（   ）选项属于 IPSec VPN 支持的封装模式。

    A. AH 模式　　　　　B. 隧道模式　　　　　C. 传输模式　　　　　D. ESP 模式

思政聚焦：弘扬新时代劳动精神　实现人生价值

《新时代公民道德建设实施纲要》中提出"强化劳动精神、劳动观念教育"。劳动精神作为社会主义核心价值观的重要组成部分，是劳动者在创造美好生活的劳动实践中体现的价值观和精神风貌，也是创造价值的唯一源泉。习近平总书记在给郑州园方集团全体职工回信中寄语"希望广大劳动群众坚定信心、保持干劲，弘扬劳动精神，克服艰难险阻，在平凡岗位上续写不平凡的故事，用自己的辛勤劳动为疫情防控和经济社会发展贡献更多力量"。这既是党中央尊重和关心劳动者的价值导向，也是新时代激励和培育劳动者的基本要求。因此，我们要大力弘扬新时代劳动精神，用劳动创造美好生活，用劳动实现人生价值，全力谱写新时代中国特色社会主义建设新篇章。

劳动不仅是谋生的手段，也是一种基本的生活需要。大力弘扬新时代劳动精神，需要坚持劳动创造美好生活的价值取向。我们应当深入学习并投身社会主义现代化建设浪潮中的新时代劳动楷模，特别是疫情防控、农业生产、民生保障和改革开放等重点领域的一线劳动者。

创新本质上也是一种劳动实践，创新是推动经济发展的一种创造性劳动，也是当今时代的主旋律。大力弘扬新时代劳动精神，需要始终坚持创新引领社会发展的前进方向，不断磨炼和提升自身的创新性精神和能力。

人生价值的实现离不开奋斗，奋斗是梦想成真的最佳途径，也是人生价值的最好展现。大力弘扬新时代劳动精神，需要明确奋斗体现人生价值的未来导向，坚定刻苦奋斗的人生追求，在刻苦奋斗中实现人生价值。作为新时代的大学生和有志青年，需要永葆艰苦奋斗的劳动精神，弘扬新时代劳动精神，将艰苦奋斗的精神融入个人梦想、工作职责和日常生活，保持斗志昂扬的气势和务实肯干的劲头，用自己的双手创造属于自己的幸福生活，实现人生价值。

项目 12　GRE over IPSec VPN

通过前面几个项目的实战，小蔡掌握了 GRE、L2TP、IPSec VPN 技术原理。同时，他了解到每种 VPN 技术都有其优缺点，比如 GRE VPN 的虽然支持多种上层协议，支持组播，但是不支持加密，身份认证机制和数据完整性校验机制较弱。而 IPSec VPN 虽然支持加密，身份认证机制和数据完整性校验机制较强，但只支持 IP 的封装，不支持多层上层协议，并且不支持组播数据的传输。

项目经理告诉他，为了实现组播数据在 IPSec 隧道中的加密传输，可以将 GRE 和 IPSec 进行组合形成 GRE over IPSec VPN 技术，应用示意图如图 12-1 所示。

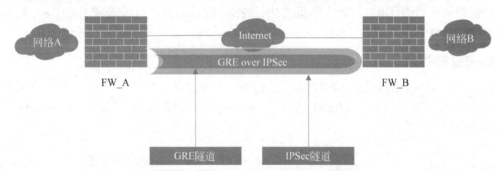

图 12-1　两个网关之间通过 GRE over IPSec VPN 隧道建立连接示意图

12.1　知识引入

12.1.1　GRE over IPSec 概述

GRE over IPSec 可利用 GRE 和 IPSec 的优势，通过 GRE 将组播、广播和非 IP 报文封装成普通的 IP 报文，通过 IPSec 为封装后的 IP 报文提供安全的通信，进而可以提供在总部和分支之间安全地传送广播、组播的业务，例如视频会议或动态路由协议消息等。

当网关之间采用 GRE over IPSec 连接时，先进行 GRE 封装，再进行 IPSec 封装。

GRE over IPSec 是一种隧道嵌套技术。可以应用在路由协议、语音、视频等组播数据在 IPSec 隧道中的加密传输的应用场景。

12.1.2　GRE over IPSec 封装模式

因为 IPSec 有两种封装模式：传输模式和隧道模式，所以 IPSec 对 GRE 隧道进行封装时，这两种模式的封装效果也不尽相同。

1. 传输模式

在传输模式中，AH 头或 ESP 头被插入新的 IP 头与 GRE 头之间，以 ESP 为例，原始报文、GRE 报文、ESP 封装报文格式如图 12-2 所示。

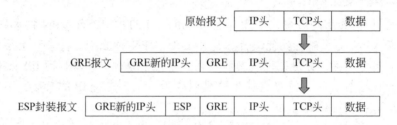

图 12-2　传输模式下 GRE over IPSec 报文封装

传输模式不改变 GRE 封装后的报文头，IPSec 隧道的源和目的地址就是 GRE 封装后的源和目的地址。

2. 隧道模式

在隧道模式中，AH 头或 ESP 头被插到新的 IP 头之前，另外再生成一个新的报文头放到 AH 头或 ESP 头之前。以 ESP 为例，原始报文、GRE 报文、ESP 封装报文格式如图 12-3 所示。

图 12-3　隧道模式下 GRE over IPSec 报文封装

隧道模式使用新的 IPSec 报文头来封装经过 GRE 封装后的消息，封装后的消息共有原始报文头、GRE 报文头和 IPSec 报文头 3 个，Internet 上的设备根据最外层的 IPSec 报文头来转发该消息。

GRE over IPSec 使用的封装模式可以是隧道模式也可以是传输模式。因为隧道模式跟传输模式相比，隧道模式增加了新的 IP 头，导致报文长度更长，更容易导致分片，所以推荐采用传输模式 GRE over IPSec。

说明： IPSec 封装过程中增加的 IP 头即源地址为 IPSec 网关应用 IPSec 安全策略的接口地址，目的地址即 IPSec 对等体中应用 IPSec 安全策略的接口地址。

IPSec 需要保护的数据流为从 GRE 起点到 GRE 终点的数据流。GRE 封装过程中增加的 IP 头即源地址为 GRE 隧道的源端地址，目的地址为 GRE 隧道的目的端地址。

12.1.3 GRE over IPSec 配置

配置 GRE over IPSec 的基本步骤与单独配置 GRE 和 IPSec 没有太大的区别，可以参考之前的项目。区别在于：通过 ACL 定义需要保护的数据流时，不能再以总部和分部内部私网地址为匹配条件，而是必须匹配经过 GRE 封装后的报文，即定义报文的源地址为 GRE 隧道的源地址，目的地址为 GRE 隧道的目的地址。配置主要步骤如下：
（1）配置 GRE 隧道逻辑接口；
（2）配置 IPSec VPN；
（3）配置到对端网络内网网段的路由；
（4）配置域间安全策略。

12.2   任务 1：仿真拓扑设计和配置思路

12.2.1 拓扑图设计

根据案例场景中的需求，设计拓扑图如图 12-4 所示。网络环境描述如下。
PC1 和 PC2 通过两台 FW 相连。要求 PC1 可以通过 GRE over IPSec 隧道安全地访问 PC2。PC1 和 PC2 路由可达，其他各网络参数信息见拓扑图。

任务 1 仿真拓扑设计和配置思路

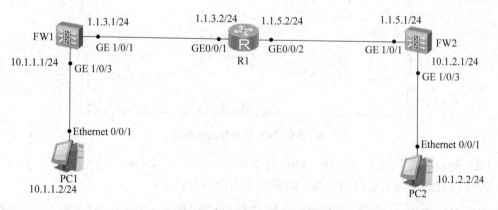

图 12-4 案例场景拓扑图

12.2.2 配置思路

主要配置步骤如下。

（1）配置物理接口的 IP 地址和到对端的静态路由，保证两端路由可达。

（2）配置 GRE 隧道接口。

（3）配置 IPSec 安全提议，定义 IPSec 的保护方法。

（4）配置 IKE 对等体，定义对等体间 IKE 协商时的属性。

（5）配置安全框架，并引用安全提议和 IKE 对等体。

（6）在相关物理接口上应用安全框架，使接口具有 IPSec 的保护功能。

12.3 任务 2：外围设备基础配置

12.3.1 任务说明

对 PC1、PC2、路由器进行基础网络配置。

任务 2 外围
设备基础配置

12.3.2 任务实施过程

（1）配置 PC1 网络基本参数，如图 12-5 所示。

图 12-5 PC1 网络参数配置图

（2）配置 PC2 网络基本参数，如图 12-6 所示。

（3）配置路由器基本网络参数。配置参考命令如下：

```
#
interface GigabitEthernet0/0/1
  ip address 1.1.3.2 255.255.255.0
#
interface GigabitEthernet0/0/2
  ip address 1.1.5.2 255.255.255.0
#
```

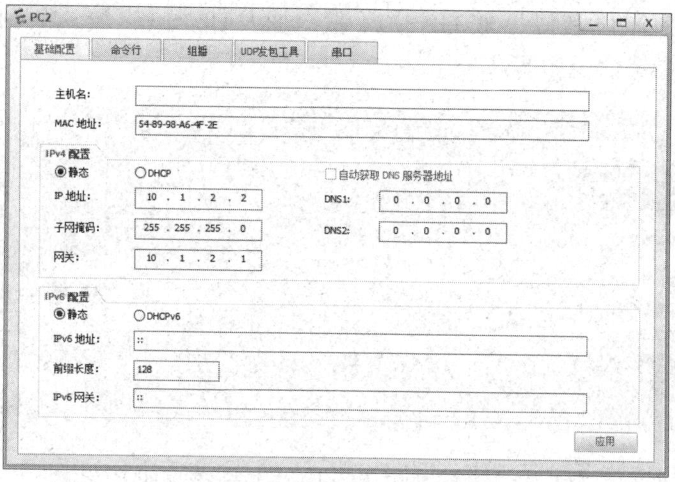

图 12-6　PC2 网络参数配置图

12.4　任务 3：FW1 配置

12.4.1　任务说明

对 FW1 进行任务配置。具体包括以下四个步骤。

（1）完成安全区域划分和网络基础配置。

（2）配置安全策略，允许私网指定网段进行报文交互。

（3）配置到对端内网的路由。

（4）配置 IPSec 策略。包括配置 IPSec 策略的基本信息，配置待加密的数据流，配置安全提议的协商参数。

任务 3　FW1 配置

12.4.2　任务实施过程

1. 安全区域划分和网络基础配置

（1）配置防火墙相关端口网络基本参数。配置参考命令如下：

```
#
interface GigabitEthernet1/0/1
  undo shutdown
  ip address 1.1.3.1 255.255.255.0
#
interface GigabitEthernet1/0/3
  undo shutdown
  ip address 10.1.1.1 255.255.255.0
#
```

（2）防火墙安全区域划分，将 GE 1/0/1 接口加入 Untrust 区域，将 GE 1/0/3 接口加入 Trust 区域。配置参考命令如下：

```
#
firewall zone trust
  set priority 85
  add interface GigabitEthernet1/0/3
#
firewall zone untrust
  set priority 5
  add interface GigabitEthernet1/0/1
#
```

（3）防火墙静态路由配置，使公网路由可达。配置参考命令如下：

```
#
ip route-static 1.1.5.0 255.255.255.0 1.1.3.2
#
```

2. 配置 GRE

（1）建立 tunnel 接口。配置参考命令如下：

```
[FW1] interface tunnel 1
[FW1] ip address 30.1.1.1 255.255.255.0
[FW1] tunnel-protocol gre
[FW1] source 1.1.3.1
[FW1] destination 1.1.5.1
```

说明：tunnel 接口的 IP 地址可以任意配置。当使用动态路由协议生成经过 tunnel 接口转发的路由时，GRE 隧道两端 tunnel 接口的 IP 地址必须配置为同一网段。

（2）将 tunnel 接口加入 DMZ 区域。配置参考命令如下：

```
[FW1] firewall zone dmz
[FW1] add interface tunnel 1
[FW1] quit
```

（3）配置静态路由，将原始流量引入 tunnel 接口，启动 GRE 封装。配置参考命令如下：

```
[FW1] ip route-static 10.1.2.0 255.255.255.0 tunnel 1
```

3. 配置域间安全策略

（1）配置 Trust 域到 DMZ 域之间的域间安全策略，将原始流量引入 tunnel1 接口，产生 GRE 报文。配置参考命令如下：

```
#
  rule name trust->dmz
  source-address 10.1.1.0 mask 255.255.255.0
  destination-address 10.1.2.0 mask 255.255.255.0
  action permit
#
```

（2）配置 Local 与 Untrust 区域之间的域间安全策略，允许 isakmp（UDP：500）报文通过，建立协商。配置参考命令如下：

```
#
rule name local->untrust
  source-address 1.1.3.1 mask 255.255.255.255
  destination-address 1.1.5.1 mask 255.255.255.255
  action permit
#
```

（3）配置 Untrust 与 Local 区域之间的域间安全策略，目的是放行接收到的 ESP 报文。配置参考命令如下：

```
#
rule name untrust->local
  source-address 1.1.5.1 mask 255.255.255.255
  destination-address 1.1.3.1 mask 255.255.255.255
  action permit
#
```

（4）配置 DMZ 域到 Trust 域之间的域间安全策略，将对方发起的 GRE 报文引入 tunnel1 接口进行解析。配置参考命令如下：

```
#
  rule name dmz->trust
  source-address 10.1.2.0 mask 255.255.255.0
  destination-address 10.1.1.0 mask 255.255.255.0
  action permit
#
```

FW1 上策略配置截图如图 12-7 所示。

4. 配置 IPSec 策略，并在接口上应用此 IPSec 策略

（1）定义被保护的 GRE 数据流。配置高级 ACL 3000，配置源 IP 地址为 1.1.3.1、目的 IP 地址为 1.1.5.1 的规则。配置参考命令如下：

```
[FW1] acl 3000
[FW1-acl-adv-3000]  rule permit ip source 1.1.3.1 0 destination 1.1.5.1 0
[FW1-acl-adv-3000] quit
```

```
[FW1-policy-security]dis th
2023-05-28 02:13:27.380
#
security-policy
 default action permit
 rule name trust->dmz
  source-address 10.1.1.0 mask 255.255.255.0
  destination-address 10.1.2.0 mask 255.255.255.0
  action permit
 rule name untrust->local
  source-address 1.1.5.1 mask 255.255.255.255
  destination-address 1.1.3.1 mask 255.255.255.255
  action permit
 rule name dmz->trust
  source-address 10.1.2.0 mask 255.255.255.0
  destination-address 10.1.1.0 mask 255.255.255.0
  action permit
 rule name local->untrust
  source-address 1.1.3.1 mask 255.255.255.255
  destination-address 1.1.5.1 mask 255.255.255.255
  action permit
#
```

图 12-7　FW1 策略配置图

（2）配置 IPSec 安全提议。默认参数可不配置，默认认证算法和加密算法如图 12-8
所示，可以不用配置。配置参考命令如下：

```
[FW1] ipsec proposal tran1
[FW1-ipsec-proposal-tran1] quit
```

（3）配置 IKE 安全提议。默认参数可不配置。配置参考命令如下：

```
[FW1] ike proposal 10
[FW1-ike-proposal-10] quit
```

默认参数如图 12-9 所示。

```
[FW_A-ipsec-proposal-tran1]dis th
2022-12-01 12:44:06.090
#
ipsec proposal tran1
 esp authentication-algorithm sha2-256
 esp encryption-algorithm aes-256
```

图 12-8　IPSec 安全默认配置

```
#
ike proposal 10
 encryption-algorithm aes-256
 dh group14
 authentication-algorithm sha2-256
 authentication-method pre-share
 integrity-algorithm hmac-sha2-256
 prf hmac-sha2-256
#
```

图 12-9　IKE 安全默认配置

（4）配置 IKE peer。配置参考命令如下：

```
[FW1] ike peer b
[FW1-ike-peer-b] ike-proposal 10
[FW1-ike-peer-b] remote-address 1.1.5.1
[FW1-ike-peer-b] pre-shared-key Test!123
[FW1-ike-peer-b] quit
```

（5）配置 IPSec 策略。配置参考命令如下：

```
[FW1] ipsec policy map1 10 isakmp
[FW1-ipsec-policy-isakmp-map1-10] security acl 3000
[FW1-ipsec-policy-isakmp-map1-10] proposal tran1
[FW1-ipsec-policy-isakmp-map1-10] ike-peer b
[FW1-ipsec-policy-isakmp-map1-10] quit
```

（6）在接口 GigabitEthernet 1/0/1 上应用 IPSec 策略组 map1。配置参考命令如下：

```
[FW1] interface GigabitEthernet 1/0/1
[FW1-GigabitEthernet1/0/1] ipsec policy map1
[FW1-GigabitEthernet1/0/1] quit
```

12.5　任务 4：FW2 配置

12.5.1　任务说明

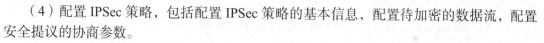

对 FW2 进行任务配置。包括以下四个步骤：

（1）完成安全区域划分和网络基础配置；

（2）配置安全策略，允许私网指定网段进行报文交互；

（3）配置到对端内网的路由；

任务 4　FW2 配置

（4）配置 IPSec 策略，包括配置 IPSec 策略的基本信息，配置待加密的数据流，配置安全提议的协商参数。

12.5.2　任务实施过程

1. 安全区域划分和网络基础配置

（1）配置防火墙相关端口网络基本参数。配置参考命令如下：

```
#
interface GigabitEthernet1/0/1
  undo shutdown
  ip address 1.1.5.1 255.255.255.0
#
interface GigabitEthernet1/0/3
  undo shutdown
  ip address 10.1.2.1 255.255.255.0
#
```

（2）防火墙安全区域划分，将 GE 1/0/1 接口加入 Untrust 区域，将 GE 1/0/3 接口加入 Trust 区域。配置参考命令如下：

```
#
firewall zone trust
  set priority 85
  add interface GigabitEthernet1/0/3
#
firewall zone untrust
  set priority 5
  add interface GigabitEthernet1/0/1
#
```

（3）防火墙静态路由配置，使公网路由可达。配置参考命令如下：

```
#
ip route-static 1.1.3.0 255.255.255.0 1.1.5.2
#
```

2. 配置 GRE

（1）建立 tunnel 接口。配置参考命令如下：

```
[FW1] interface tunnel 1
[FW1] ip address 30.1.1.2 255.255.255.0
[FW1] tunnel-protocol gre
[FW1] source 1.1.5.1
[FW1] destination 1.1.3.1
```

（2）将 tunnel 接口加入 DMZ 区域。配置参考命令如下：

```
[FW1] firewall zone dmz
[FW1] add interface tunnel 1
[FW1] quit
```

（3）配置静态路由，将原始流量引入 tunnel 接口启动 GRE 封装。配置参考命令如下：

```
[FW1] ip route-static 10.1.1.0 255.255.255.0 tunnel 1
```

3. 配置域间安全策略

（1）配置 Trust 域到 DMZ 域之间的域间安全策略，将原始流量引入 tunnel1 接口，产生 GRE 报文。配置参考命令如下：

```
#
rule name trust->dmz
  source-address 10.1.2.0 mask 255.255.255.0
  destination-address 10.1.1.0 mask 255.255.255.0
  action permit
#
```

（2）配置 Local 与 Untrust 区域之间的域间安全策略，允许 isakmp（UDP：500）报文通过，建立协商。配置参考命令如下：

```
#
rule name local->untrust
  source-address 1.1.5.1 mask 255.255.255.255
  destination-address 1.1.3.1 mask 255.255.255.255
  action permit
#
```

（3）配置 Untrust 与 Local 区域之间的域间安全策略，目的是放行接收到的 ESP 报文。配置参考命令如下：

```
#
rule name untrust->local
  source-address 1.1.3.1 mask 255.255.255.255
  destination-address 1.1.5.1 mask 255.255.255.255
  action permit
#
```

（4）配置 DMZ 域到 Trust 域之间的域间安全策略，将对方发起的 GRE 报文引入 tunnel1 接口进行解析。配置参考命令如下：

```
#
rule name dmz->trust
  source-address 10.1.1.0 mask 255.255.255.0
  destination-address 10.1.2.0 mask 255.255.255.0
  action permit
#
```

FW2 上策略配置截图如图 12-10 所示。

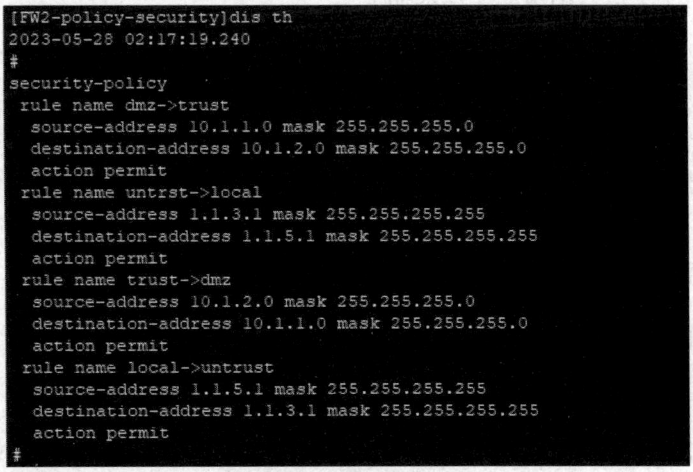

图 12-10　FW2 策略配置

4. 配置 IPSec 策略，并在接口上应用此 IPSec 策略

（1）定义被保护的 GRE 数据流。配置高级 ACL 3000，配置源 IP 地址为 1.1.5.1、目的 IP 地址为 1.1.3.1 的规则。配置参考命令如下：

```
[FW2] acl 3000
[FW2-acl-adv-3000]  rule permit ip source 1.1.5.1 0 destination 1.1.3.1 0
[FW2-acl-adv-3000] quit
```

（2）配置 IPSec 安全提议。默认参数可不配置，默认认证算法和加密算法如图 12-11 所示，可以不用配置。配置参考命令如下：

```
[FW2] ipsec proposal tran1
[FW2-ipsec-proposal-tran1] quit
```

（3）配置 IKE 安全提议，默认参数可不配置。配置参考命令如下：

```
[FW2] ike proposal 10
[FW2-ike-proposal-10] quit
```

默认参数如图 12-12 所示。

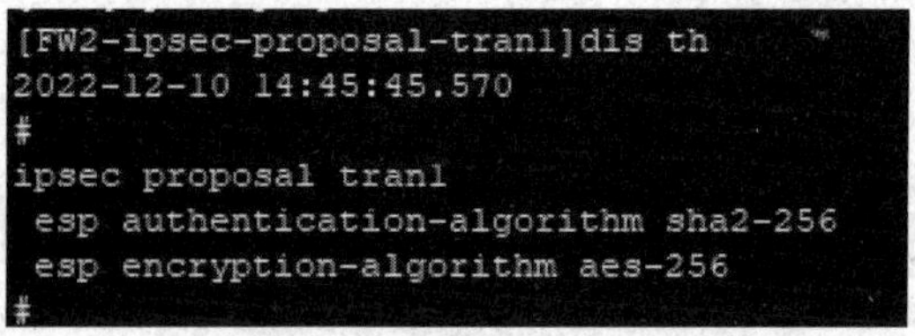

```
[FW2-ipsec-proposal-tran1]dis th
2022-12-10 14:45:45.570
#
ipsec proposal tran1
 esp authentication-algorithm sha2-256
 esp encryption-algorithm aes-256
#
```

图 12-11　IPSec 安全默认配置

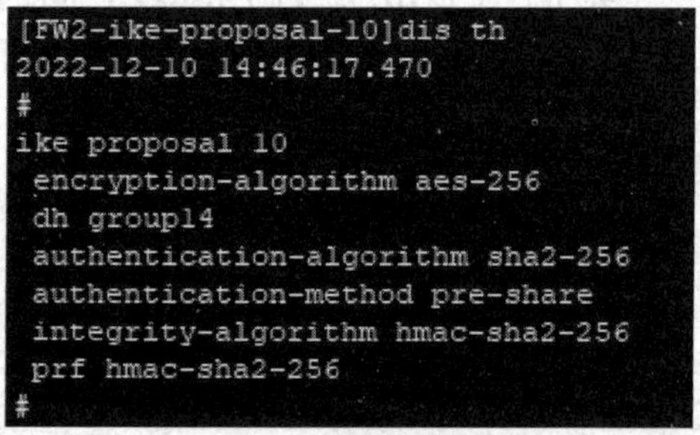

```
[FW2-ike-proposal-10]dis th
2022-12-10 14:46:17.470
#
ike proposal 10
 encryption-algorithm aes-256
 dh group14
 authentication-algorithm sha2-256
 authentication-method pre-share
 integrity-algorithm hmac-sha2-256
 prf hmac-sha2-256
#
```

图 12-12　IKE 安全默认配置

（4）配置 IKE peer。配置参考命令如下：

```
[FW2] ike peer a
[FW2-ike-peer-a] ike-proposal 10
[FW2-ike-peer-a] remote-address 1.1.3.1
[FW2-ike-peer-a] pre-shared-key Test!123
[FW2-ike-peer-a] quit
```

（5）配置 IPSec 策略。配置参考命令如下：

```
[FW2] ipsec policy map1 10 isakmp
[FW2-ipsec-policy-isakmp-map1-10] security acl 3000
[FW2-ipsec-policy-isakmp-map1-10] proposal tran1
[FW2-ipsec-policy-isakmp-map1-10] ike-peer a
[FW2-ipsec-policy-isakmp-map1-10] quit
```

（6）在接口 GigabitEthernet 1/0/1 上应用 IPSec 策略组 map1。配置参考命令如下：

```
[FW2] interface GigabitEthernet 1/0/1
[FW2-GigabitEthernet1/0/1] ipsec policy map1
[FW2-GigabitEthernet1/0/1] quit
```

12.6　任务 5：需求验证

12.6.1　任务说明

对需求进行验证。主要包括 PC1 能通过 GRE over IPSec 隧道访问 PC2，并通过 Wireshark 抓取相关报文查看 GRE over IPSec 封装报文的结构。

任务 5　需求验证

12.6.2　任务实施过程

以 FW1 为例，让 PC1 对 PC2 进行 ping 测试，加 -t 参数。

1. IPSec 策略应用之前

注意：因为上述配置已经在接口上应用策略，可以用 undo ipsec policy 命令取消，在 FW1 和 FW2 上都需要取消。

以 FW1 为例，取消 IPSec 策略参考命令如下：

```
[FW1]int g1/0/1
[FW1-GigabitEthernet1/0/1]undo ipsec policy map1
```

（1）在 FW1 GE 1/0/3 接口抓包，如图 12-13 所示。

```
3 81.093000    10.1.1.2    10.1.2.2    ICMP    74 Echo (ping) request  id=0x9c77, seq=1/256, ttl=128 (reply in 4)
4 81.125000    10.1.2.2    10.1.1.2    ICMP    74 Echo (ping) reply    id=0x9c77, seq=1/256, ttl=126 (request in 3)
5 82.125000    10.1.1.2    10.1.2.2    ICMP    74 Echo (ping) request  id=0x9d77, seq=2/512, ttl=128 (reply in 6)
6 82.156000    10.1.2.2    10.1.1.2    ICMP    74 Echo (ping) reply    id=0x9d77, seq=2/512, ttl=126 (request in 5)
7 83.156000    10.1.1.2    10.1.2.2    ICMP    74 Echo (ping) request  id=0x9e77, seq=3/768, ttl=128 (reply in 8)
8 83.203000    10.1.2.2    10.1.1.2    ICMP    74 Echo (ping) reply    id=0x9e77, seq=3/768, ttl=126 (request in 7)
9 84.203000    10.1.1.2    10.1.2.2    ICMP    74 Echo (ping) request  id=0x9f77, seq=4/1024, ttl=128 (reply in 10)
10 84.250000   10.1.2.2    10.1.1.2    ICMP    74 Echo (ping) reply    id=0x9f77, seq=4/1024, ttl=126 (request in 9)
```

图 12-13　FW1 端口 GE 1/0/3 抓包

由源目 IP 可以看出这是原始报文。

（2）在 FW1 GE 1/0/1 接口抓包，如图 12-14 所示。

```
Wireshark · 分组 1 · ·
> Frame 1: 98 bytes on wire (784 bits), 98 bytes captured (784 bits) on interface 0
> Ethernet II, Src: HuaweiTe_c7:15:7c (00:e0:fc:c7:15:7c), Dst: HuaweiTe_f4:41:7f (54:89:98:f4:41:7f)
> Internet Protocol Version 4, Src: 1.1.3.1, Dst: 1.1.5.1
> Generic Routing Encapsulation (IP)
> Internet Protocol Version 4, Src: 10.1.1.2, Dst: 10.1.2.2
> Internet Control Message Protocol
```

图 12-14　FW1 端口 GE 1/0/1 抓包

可以看出原始报文以载荷的形式被封装成了 GRE 报文，并被加上了公网 IP 头进行传输，GRE 封装传输成功。但是报文没有被加密，属于明文传输。

2. IPSec 策略应用之后

注意：在 FW1 和 FW2 的 GE 1/0/1 接口上用 ipsec policy map1 命令绑定，在 FW1 和 FW2 上都需要绑定。

以 FW1 为例，关联 IPSec 策略参考命令如下：

```
[FW1]int g1/0/1
[FW1-GigabitEthernet1/0/1]ipsec policy map1
```

关联后查看 GE 1/0/1 接口配置如图 12-15 所示。

```
[FW1-GigabitEthernet1/0/1]dis th
2022-12-10 12:28:03.320
#
interface GigabitEthernet1/0/1
 undo shutdown
 ip address 1.1.3.1 255.255.255.0
 ipsec policy map1
#
```

图 12-15　GE 1/0/1 口配置

（1）在 FW1 GE 1/0/3 接口抓包，如图 12-16 所示。

3 81.093000	10.1.1.2	10.1.2.2	ICMP	74 Echo (ping) request	id=0x9c77, seq=1/256, ttl=128 (reply in 4)
4 81.125000	10.1.2.2	10.1.1.2	ICMP	74 Echo (ping) reply	id=0x9c77, seq=1/256, ttl=126 (request in 3)
5 82.125000	10.1.1.2	10.1.2.2	ICMP	74 Echo (ping) request	id=0x9d77, seq=2/512, ttl=128 (reply in 6)
6 82.156000	10.1.2.2	10.1.1.2	ICMP	74 Echo (ping) reply	id=0x9d77, seq=2/512, ttl=126 (request in 5)
7 83.156000	10.1.1.2	10.1.2.2	ICMP	74 Echo (ping) request	id=0x9e77, seq=3/768, ttl=128 (reply in 8)
8 83.203000	10.1.2.2	10.1.1.2	ICMP	74 Echo (ping) reply	id=0x9e77, seq=3/768, ttl=126 (request in 7)
9 84.203000	10.1.1.2	10.1.2.2	ICMP	74 Echo (ping) request	id=0x9f77, seq=4/1024, ttl=128 (reply in 10)
10 84.250000	10.1.2.2	10.1.1.2	ICMP	74 Echo (ping) reply	id=0x9f77, seq=4/1024, ttl=126 (request in 9)

图 12-16　GE 1/0/3 口抓包

由源目 IP 可以看出这是原始报文。

（2）在 FW1 GE 1/0/1 接口抓包，如图 12-17 所示。

14 223.219000	1.1.3.1	1.1.5.1	ISAKMP	499 IKE_SA_INIT MID=00 Initiator Request
15 223.407000	1.1.5.1	1.1.3.1	ISAKMP	499 IKE_SA_INIT MID=00 Responder Response
16 223.485000	1.1.3.1	1.1.5.1	ISAKMP	314 IKE_AUTH MID=01 Initiator Request
17 223.516000	1.1.5.1	1.1.3.1	ISAKMP	282 IKE_AUTH MID=01 Responder Response
18 223.594000	1.1.3.1	1.1.5.1	ESP	170 ESP (SPI=0x0bef81fc)
19 225.594000	1.1.3.1	1.1.5.1	ESP	170 ESP (SPI=0x0bef81fc)
20 225.625000	1.1.5.1	1.1.3.1	ESP	170 ESP (SPI=0x0b5fdedf)
21 226.641000	1.1.3.1	1.1.5.1	ESP	170 ESP (SPI=0x0bef81fc)
22 226.657000	1.1.5.1	1.1.3.1	ESP	170 ESP (SPI=0x0b5fdedf)
23 227.672000	1.1.3.1	1.1.5.1	ESP	170 ESP (SPI=0x0bef81fc)
24 227.704000	1.1.5.1	1.1.3.1	ESP	170 ESP (SPI=0x0b5fdedf)
25 228.719000	1.1.3.1	1.1.5.1	ESP	170 ESP (SPI=0x0bef81fc)
26 228.750000	1.1.5.1	1.1.3.1	ESP	170 ESP (SPI=0x0b5fdedf)
27 229.766000	1.1.3.1	1.1.5.1	ESP	170 ESP (SPI=0x0bef81fc)
28 229.797000	1.1.5.1	1.1.3.1	ESP	170 ESP (SPI=0x0b5fdedf)
29 230.797000	1.1.3.1	1.1.5.1	ESP	170 ESP (SPI=0x0bef81fc)

图 12-17　GE 1/0/1 口抓包

可以看出 IKE 通过 ISAKMP 报文协商成功，之后建立了 IPSec VPN 通道并对所保护的 GRE 报文进行了传输。GRE 报文作为 ESP 报文的载荷，并被加上了公网 IP 头进行传输，此时，GRE 报文作为载荷被加密，属于密文传输。被 ESP 封装加密后的报文如图 12-18 所示。

```
Wireshark · 分组 18 ·

> Frame 18: 170 bytes on wire (1360 bits), 170 bytes captured (1360 bits) on interface 0
> Ethernet II, Src: HuaweiTe_c7:15:7c (00:e0:fc:c7:15:7c), Dst: HuaweiTe_f4:41:7f (54:89:98:f4:41:7f)
> Internet Protocol Version 4, Src: 1.1.3.1, Dst: 1.1.5.1
∨ Encapsulating Security Payload
    ESP SPI: 0x0bef81fc (200245756)
    ESP Sequence: 2
```

图 12-18　ESP 封装加密后的报文

（3）分别在 FW1 和 FW2 上执行 display ike sa、display ipsec sa 命令，会显示安全联盟的建立情况。

以 FW1 为例，IKE 安全联盟建立成功时如图 12-19 所示。

```
[FW1]dis ike sa
2022-12-10 12:39:56.180

IKE SA information :
 Conn-ID    Peer                                              VPN          Flag(
s)              Phase  RemoteType  RemoteID
-------------------------------------------------------------------------------
 2          1.1.5.1:500                                                    RD|ST
|A             v2:2   IP          1.1.5.1
 1          1.1.5.1:500                                                    RD|ST
|A             v2:1   IP          1.1.5.1

 Number of IKE SA : 2
-------------------------------------------------------------------------------
```

图 12-19　IKE 安全联盟建立成功

IPSec 安全联盟建立成功如图 12-20 所示。

```
[FW1]dis ipsec sa
2022-12-10 12:40:52.500

ipsec sa information:

===============================
Interface: GigabitEthernet1/0/1
===============================

-------------------------------
 IPSec policy name: "map1"
 Sequence number  : 10
 Acl group        : 3000
 Acl rule         : 5
 Mode             : ISAKMP
-------------------------------
  Connection ID    : 2
  Encapsulation mode: Tunnel
  Holding time     : 0d 0h 33m 50s
  Tunnel local     : 1.1.3.1:500
  Tunnel remote    : 1.1.5.1:500
  Flow source      : 1.1.3.1/255.255.255.255 0/0-65535
  Flow destination : 1.1.5.1/255.255.255.255 0/0-65535

  [Outbound ESP SAs]
    SPI: 200245756 (0xbef81fc)
    Proposal: ESP-ENCRYPT-AES-256 ESP-AUTH-SHA2-256-128
    SA remaining key duration (kilobytes/sec): 10485759/1570
    Max sent sequence-number: 18
    UDP encapsulation used for NAT traversal: N
    SA encrypted packets (number/bytes): 17/1428

  [Inbound ESP SAs]
    SPI: 190832351 (0xb5fdedf)
    Proposal: ESP-ENCRYPT-AES-256 ESP-AUTH-SHA2-256-128
    SA remaining key duration (kilobytes/sec): 10485759/1570
    Max received sequence-number: 1
    UDP encapsulation used for NAT traversal: N
    SA decrypted packets (number/bytes): 16/1344
    Anti-replay : Enable
    Anti-replay window size: 1024
```

图 12-20　IPSec 安全联盟建立成功

习　题

（1）（单选题）如果 VPN 网络需要运行动态路由协议并提供私网数据加密，通常采用（　　）技术手段实现。

    A. GRE　　　　　　　B. GRE+IPSec　　　　　C. L2TP　　　　　　　D. L2TP+IPSec

（2）（多选题）关于安全联盟 SA，说法正确的是（　　）。

    A. IKE SA 是单向的　　　　　　　　　　　B. IPSec SA 是双向的

    C. IKE SA 是双向的　　　　　　　　　　　D. IPSec SA 是单向的

（3）（多选题）VPN 组网中常用的站点到站点接入方式是（　　）。

    A. L2TP　　　　　　　B. IPSec　　　　　　　C. GRE+IPSec　　　　D. L2TP+IPSec

（4）（多选题）以下（　　）的 VPN 技术支持对数据报文进行加密。

    A. SSL VPN　　　　　B. GRE VPN　　　　　C. IPSec VPN　　　　D. L2TP VPN

（5）（多选题）下面关于 GRE 协议和 IPSec 协议说法正确的是（　　）。

    A. 在 GRE 隧道上可以再建立 IPSec 隧道

    B. 在 GRE 隧道上不可以再建立 IPSec 隧道

    C. 在 IPSec 隧道上可以再建立 GRE 隧道

    D. 在 IPSec 隧道上不可以再建立 GRE 隧道

思政聚焦：增强网络安全意识　筑牢网络安全屏障

随着 5G、人工智能、大数据、云计算等新兴技术的迅速发展，互联网作为社会发展的最大变量和最大增量，不断迎来新的进阶机遇，为社会生产生活赋能和丰富人们活动场景的同时，网络安全威胁和风险问题也日益突出，并逐渐向政治、经济、文化、社会、生态、国防等领域渗透。习近平总书记指出"没有网络安全就没有国家安全"，把网络安全上升到了国家安全的层面，为推动我国网络安全体系的建立和完善，树立正确的网络安全观指明了方向。

近年来，我国网络安全法治建设取得了突破性的进展。2016 年《中华人民共和国网络安全法》高票通过，成为我国网络安全领域的第一部专项法律，为依法治网、化解网络风险提供了重要的法律武器；2017 年十二届中华人民共和国全国人民代表大会第五次会议通过了《中华人民共和国民法总则》，明确了对个人信息、数据、虚拟财产予以保护；最高人民法院、最高人民检察院也出台了一系列司法解释，阐明了相关法律问题；中央网信办、公安部、工业和信息化部、文化和旅游部等多部门出台了相应的部门规章，对互联网信息搜索、移动互联网应用程序等及时依法规范。

网络安全法实施之后，我国相继颁布了《中华人民共和国数据安全法》《中华人民共和国个人信息保护法》《关键信息基础设施保护条例》等法律法规，出台《网络安全审查办法》《云计算服务安全评估办法》等政策文件，建立了网络安全审查、云计算服务安全评估、数据安全管理、个人信息保护等一批重要制度，制定和发布了 300 余项网络安全领域的国家标准，我国网络安全政策法规体系基本形成，国家网络安全工作体系不断健全和完善，人人都是网络安全的参与者和建设者、守护者，每个人都要树立网络安全的主体意识和责任意识。

作为新时代的大学生，我们要树立正确的网络安全观，应做到在使用互联网过程中，自觉遵守宪法和互联网相关法律法规，自觉选择健康信息，不参与有害和无用信息的制作和传播。同时，要弘扬传播正能量，倡导社会主义核心价值观，旗帜鲜明地驳斥杂音、噪声，弘扬先进文化，摈弃消极颓废思想，促进绿色网络建设。同时，时刻保持危机意识，对违法和不良有害信息坚决举报，将网络安全意识牢固灌输在心中。

参 考 文 献

[1] 何坤源 . 华为防火墙实战指南 [M]. 北京：人民邮电出版社，2020.

[2] 徐慧洋 . 华为防火墙技术漫谈 [M]. 北京：人民邮电出版社，2022.

[3] 叶晓鸣 . 防火墙技术及应用 [M]. 北京：清华大学出版社，2022.

[4] 杨东晓 . VPN 技术及应用 [M]. 北京：清华大学出版社，2021.

[5] 刘洪亮 . 信息安全技术 [M]. 北京：人民邮电出版社，2019.

[6] 李学昭 . 防火墙和 VPN 技术与实践 [M]. 北京：人民邮电出版社，2022.